Isabella Hermann

Science-Fiction und Politik im 21. Jahrhundert

Titelbild:
Blade Runner Ryan Gosling, Ana de Armas., 2017. IMAGO / ZUMA Press 0390272547

Dr. Isabella Hermann ist Politikwissenschaftlerin und Science-Fiction-Analystin. Sie geht der Frage nach, wie Fiktionen und Narrative die Entwicklung von Zukunftstechnologien beeinflussen, welche gesellschaftlichen Herausforderungen sich durch den technologischen Fortschritt ergeben – und vor allem, wie wir in dystopischen Zeiten positive Zukünfte gestalten können. Isabella Hermann ist zudem Mitglied im Vorstand der Stiftung Zukunft Berlin. Zuletzt erschien von ihr «Science-Fiction zur Einführung» im Junius Verlag. Zusammen mit Aiki Mira präsentiert sie den SWR-Podcast «Das war morgen».

Diese Veröffentlichung stellt keine Meinungsäußerung der Landeszentrale für politische Bildung Thüringen dar. Für inhaltliche Aussagen trägt die Autorin die Verantwortung.

Landeszentrale für politische Bildung Thüringen
Regierungsstraße 73, 99084 Erfurt
www.lztthueringen.de
2025

ISBN: 978-3-910740-44-0

Inhalt

Einleitung	5
Ungerechte und unfreie Herrschaftssysteme	9
The Hunger Games	9
Equilibrium	13
The Handmaid's Tale	16
District 9	19
Eine optimistische literarische Perspektive: Utopia 2048	21
Digitalisierung und Überwachung	23
Anon	25
Arcadia	27
The Circle	30
Eine optimistische literarische Perspektive: Walkaway	32
Künstliche Intelligenz und Roboter	35
Matrix	36
I, Robot	39
Eine optimistische literarische Perspektive: Pantopia	42
Unethische Unternehmen in Biotechnologie und Medizin	43
Blade Runner 2049	45
The Island	47
Repo Men	49
Eine optimistische literarische Perspektive: The Spider and the Stars	53
Klimawandel und Naturschutz	55
The Day after Tomorrow	56

Mad Max: Fury Road	59
Memory of Water	61
Eine optimistische literarische Perspektive: The Ministry for the Future	62
Der Weltraum als Spiegel globaler Politik	**65**
Battlestar Galactica	66
The Expanse	68
Dune	69
Eine optimistische literarische Perspektive: Wayfarer-Series	72
Schluss	**73**
Literatur	**75**

Einleitung

Science-Fiction ist politisch! Denn sie bietet die Möglichkeit, gesellschaftspolitische Fragen in Extremsituationen zu durchdenken und Zukunftsszenarien zu entwerfen, die uns zum Nachdenken über unsere aktuellen Werte und Strukturen anregen.

Science-Fiction ist ein Genre aus Romanen, Kurzgeschichten, Comics, Graphic Novels, Filmen, Serien, Musik und Games. Und manchmal heißt es auch, bestimmte Kunst, Architektur, Mode und so weiter sei «Science-Fiction». Werke, die der Science-Fiction zugeschrieben werden, spielen meistens in einer fiktionalen Zukunft und sind geprägt von neuen Erfindungen, Entdeckungen und Entwicklungen. Diese können technischer, wissenschaftlicher und/oder sozialpolitischer Natur sein. Auf jeden Fall schaffen sie außergewöhnliche Bedingungen, unter denen unsere Ängste, Wünsche und aktuellen Herausforderungen wie unter einer Lupe vergrößert werden.

Nicht jede Science-Fiction-Geschichte muss sich dabei direkt mit Politik beschäftigen, aber das Genre eignet sich besonders gut, um politische Themen in einem neuen, oft kritischen Licht darzustellen. Unter Politik verstehe ich hier die innerstaatliche und globale Organisation der Macht- und Herrschaftsausübung, Ressourcenverteilung und Wertzuweisung in wichtigen Bereichen wie Sicherheit, Wirtschaft oder Umwelt, sowie allgemeiner das Aushandeln, die Beeinflussung und das Bestimmen von Formen des Zusammenlebens. Es macht beispielsweise einen Unterschied für ein geschlechtergerechtes Zusammenleben, ob es von staatlicher oder unternehmerischer Seite genügend Krippenplätze für Kleinkinder gibt, um es vor allem Frauen mit Kindern zu ermöglichen, weiterhin berufstätig und somit finanziell unabhängig zu sein.

Jenseits der Frage, wie politisches Handeln funktioniert, steht die Frage, was gute Politik ausmacht, welche Werte ihr zugrunde liegen und wie wir gute Lösungen finden können. In Deutschland, den Ländern der EU und vielen anderen Ländern darüber hinaus gehen wir davon aus, dass gute Politik auf demokratischen Grundsätzen, Rechtsstaatlichkeit und dem Schutz der Menschenrechte basiert. Diese im Grundgesetz verankerten Werte sollen politische Entscheidungen leiten und sicherstellen, dass die Maßnahmen des Staates gerecht, sozial und nachhaltig sind. Die Auslegung und Anwendung dieser Werte entwickelt sich im Laufe der Zeit stetig fort. Stand beispielsweise Homosexualität früher noch unter Strafe, ist heute die gleichgeschlechtliche Eheschließung mit allen Rechten und Pflichten möglich.

Politische Fragen stellt die Science-Fiction insbesondere, wenn sie Dystopien und Utopien beschreibt. Die Dystopie – nach dem griechischen Ursprung ein «schlechter Ort» – ist eine fiktionale Gesellschaft, die von negativen Merkmalen wie autoritärer Herrschaft, Machtmissbrauch, Überwachung oder Unterdrückung geprägt ist. Berühmte dystopische Werke sind zum Beispiel Aldous Huxleys «Brave New World» (1932), George Orwells «1984» (1948) oder Ray Bradburys «Fahrenheit 451» (1963). Die Utopie – nach dem griechischen Ursprung ein «guter Ort» oder «Nicht-Ort» – beschreibt im Gegensatz dazu (das Ringen um) wünschenswerte Gesellschaften, wie beispielsweise Ursula LeGuins «The Dispossessed» (1974), Ernest Callenbachs «Ecotopia» (1975) oder Angela und Karlheinz Steinmüllers «Andymon» (1984).

Obwohl Science-Fiction oft in der Zukunft spielt, beschäftigt sie sich im Kern mit den Problemen und Herausforderungen unserer Gegenwart. Die Zukunft dient dabei weniger als Vorhersage, sondern vielmehr dazu, gegenwärtige Gegebenheiten zuzuspitzen und aus neuen Blickwinkeln zu betrachten. Die zentralen Fragen richten sich darauf, was die dargestellten Szenarien über unsere heutige Welt aussagen und welche Ideen, Werte, Ängste und Hoffnungen sie widerspiegeln. Auch wenn Science-Fiction damit keine einfachen Lösungen für die drängenden Fragen unserer Zeit bietet, kann sie als Ausgangspunkt für Diskussionen darüber dienen, wie wir in Zukunft leben wollen. Gute Science-Fiction kann somit inspirieren, zum Nachdenken anregen und unseren Vorstellungshorizont erweitern.

Im Folgenden präsentiere ich keine politische Geschichte der Science-Fiction, sondern zeige an verschiedenen neueren Science-Fiction-Filmen und Serien, die explizit einen politischen Bezug haben, Ansatzpunkte für kritisches Denken auf. Gruppiert habe ich die Beispiele nach aktuellen Themenstellungen wie ungerechte Herrschaftssysteme, digitale Überwachungssysteme, Klimawandel oder Unternehmensmacht. Die Zuordnung ist nicht immer eindeutig, so dass einige Beispiel auch mehrere Themen abdecken könnten und über die verschiedenen Themen hinweg miteinander sprechen. Da die Filmbeispiele oft dystopisch sind, gibt es am Ende jedes Themenkapitels einen kurzen Hinweis auf eine optimistischere Sicht aus der Literatur. Obwohl die angloamerikanische Science-Fiction nach wie vor eine große Rolle spielt, insbesondere bei bekannten Blockbustern, habe ich versucht, auch deutsche und globale Perspektiven einzubeziehen.

BFA / Alamy Stock Foto 2TB9NBD

Poster The Hunger Games: Mockingjay, Teil 2, 2015.

Ungerechte und unfreie Herrschaftssysteme

Science-Fiction eignet sich bestens, um über ungerechte politische Organisationsformen nachzudenken und zu hinterfragen, wie eine gerechte Gesellschaft politisch gestaltet sein sollte. Dabei können negative Strukturen untersucht werden, ohne sich direkt auf reale Staaten oder Gruppen beziehen zu müssen, was den Zugang zu sensiblen Thematiken erleichtern kann. Häufig zeigt die typische Science-Fiction-Dystopie eine Diktatur, die von einer Einzelperson oder einer kleinen Gruppe ohne legitime Kontrolle ausgeübt wird. Die Machthabenden behaupten, im Interesse des Volkes zu handeln, sichern jedoch nur die Macht der eigenen Elite ab, während die restliche Bevölkerung unter dem Vorwand von Krisen oder Ressourcenknappheit unterdrückt wird. Im Folgenden stelle ich einige Filme vor, die auf unterschiedliche Weise unfreie und ungerechte fiktive Herrschaftssysteme zeigen und dazu anregen, über Politik und Gesellschaft nachzudenken. Dabei geht es weniger um die Realitätsnähe oder Plausibilität der dargestellten Szenarien, sondern darum, durch extreme Situationen zentrale politische Fragestellungen sichtbar zu machen.

The Hunger Games

Besonders erfolgreich vor allem bei jungen Menschen war in den letzten Jahren die US-Filmreihe «The Hunger Games» («Die Tribute von Panem», 2012–2015)[1]. Die Filme basieren auf der gleichnamigen Young-Adult-Buchreihe[2] (2008–2010)

---

1 Regie Teil 1: Gary Ross, Regie Teile 2-4: Francis Lawrence.
2 «Young-Adult»-Literatur ist eine Literaturgattung, die sich primär an Leserinnen und Leser im Teenageralter richtet. Die Geschichten behandeln oft Themen, die für Jugendliche relevant sind, wie Identitätssuche, erste

von Suzanne Collins[3]. Die Geschichte spielt in einem zukünftigen Nordamerika, welches in das autoritäre Land Panem zerfallen ist. Panem besteht aus zwölf Distrikten, die kreisförmig um das wohlhabende Kapitol in der Mitte, dem Sitz des tyrannischen Präsidenten Coriolanus Snow und seines Machtapparats, angeordnet sind. Die Distrikte sind jeweils auf bestimmte Industrien und Aufgaben bzw. den Abbau bestimmter Ressourcen spezialisiert, um den Luxus des Kapitols zu sichern und zu mehren. Die Nummern der Distrikte geben dabei Aufschluss über die Lebensbedingungen vor Ort; während beispielsweise der direkt am Kapitol angrenzende Distrikt 1 hochwertige Produkte für das Kapitol herstellt und die Bewohner oft selbst wohlhabend sind, leiden die Menschen im äußersten Distrikt 12, der für den Kohleabbau bekannt ist, unter Armut und Nahrungsmangel. Trotz unterschiedlicher Ausprägung ist allen Distrikten dennoch die Unterjochung und Ausbeutung durch das Kapitol gemein.

Grundlage des Machtanspruchs von Präsident Snow und seiner Gefolgschaft im Kapitol ist ein Überlegenheitsgefühl, das der rücksichtslosen Herrschaft als Rechtfertigung dient. Die Macht wird durch Willkür, Gewalt und vor allem durch Manipulation von Informationen und Medienpropaganda aufrechterhalten. Einen wichtigen Bestandteil bilden dabei die jährlichen «Hunger Games», für die aus jedem Distrikt je ein Mädchen und ein Junge als «Tribute» ausgewählt werden. In diesem tödlichen, an Gladiatorenkämpfe erinnernden Wettkampf in einem überwachten Wildnisareal müssen die

---

Liebe, Freundschaft, Familie, persönliche Herausforderungen und das Erwachsenwerden. Die Charaktere sind meist selbst Jugendliche, was es der Zielgruppe erleichtert, sich mit ihnen zu identifizieren. YA-Literatur ist oft spannend, emotional und zugänglich geschrieben, kann aber auch komplexe gesellschaftliche und psychologische Themen aufgreifen, wodurch sie auch für Erwachsene ansprechend ist.

3   Im Jahr 2023 kam mit «The Ballad of Songbirds & Snakes» zudem der erste von zwei Prequel-Filmen in die Kinos, die die Entwicklung des jungen Coriolanus Snow zum späteren machtbesessenen Diktator aus der «The Hunger Games»-Reihe in den Mittelpunkt stellen.

insgesamt 24 Jugendlichen so lange gegeneinander kämpfen, bis nur noch eine Person lebend übrigbleibt. Diese wird dann lebenslang und ihr Distrikt für ein Jahr mit ausreichend Nahrungsmitteln versorgt. Die grausame Tradition der Hunger Games ist nicht nur eine perverse Unterhaltung für das Kapitol, sondern auch eine Machtdemonstration und ein Einschüchterungsinstrument gegenüber den Distrikten, deren Einwohner gezwungen sind, die Spiele in Liveübertragungen zu verfolgen.

Die Geschichte folgt Katniss Everdeen (Jennifer Lawrence), einer selbstbewussten 16-jährigen jungen Frau aus dem ärmsten Distrikt 12, die sich im ersten Teil der Reihe freiwillig als Tribut meldet, um ihre jüngere Schwester zu schützen, die eigentlich für die Hunger Games ausgewählt wurde. Während der Spiele entzieht sich Katniss zunehmend den Regeln des Kapitols. Zwar ist auch sie gezwungen zu töten, versucht jedoch ebenso, sich mit anderen Tributen zu verbünden und droht dem Kapitol sogar mit Selbstmord, wenn sie nicht zusammen mit ihrem Distrikt 12-Partnertribut Peeta Mellark (Josh Hutcherson) gewinnen darf. Für das Kapitol ist das herausfordernde Verhalten von Katniss systemgefährdend, weil es sich ihrem Willen beugen und sie am Ende zusammen mit Peeta gewinnen lassen muss – wodurch der absolute Machtanspruch untergraben wird. Im Verlauf der weiteren Teile wird Katniss als «Mockingjay» zum Symbol des Widerstands gegen das Kapitol, der schließlich zum Sturz der alten Ordnung und zur Hoffnung auf einen gerechteren Neuanfang unter einer neuen Präsidentin führt.

Die «The Hunger Games»-Filmreihe lädt zur kritischen Betrachtung von zahlreichen politischen Themen ein. Im Mittelpunkt stehen dabei die Funktionsbedingungen einer totalitären Diktatur, die durch Kontrolle, Unterwerfung und Ausbeutung der Bevölkerung einerseits sowie durch Widerstandsgruppierungen andererseits gekennzeichnet ist. Auch wenn die Herrschaft des Kapitols nicht vom Volk legitimiert ist, muss sich ebenso der Widerstand mit Widersprüchlichkeiten, moralischen Dilemmata und Personenkult herumschlagen. Die sozioökonomische und klar als ungerecht dargestellte Einteilung der Distrikte wirft Fragen zu Umverteilung zwischen unterschiedlich geprägten Regionen und Gruppen, zum Ausgleich von Klassenunterschieden und dem Status von sozialer Gerechtigkeit auf, nach der alle Menschen eigentlich die gleichen Chancen haben sollten.

Die Reihe beleuchtet auch die Rolle von Medien und Propaganda, die vom Kapitol genutzt werden, um die Bevölkerung zu manipulieren und die eigenen Machtstrukturen zu sichern. Gleichzeitig greifen die Rebellen auf ähnliche Mittel zurück, um Unterstützung für ihren Kampf gegen das Kapitol zu mobilisieren. Interessanterweise geht es hierbei allerdings noch um ein eher klassisches Verständnis von Medien und nicht um die neuen Logiken von Social Media, die die Dynamik der Informationsverbreitung und Manipulation in der heutigen Welt erheblich verändert haben. Doch nichtsdestotrotz bieten die dargestellten Machtmechanismen und Manipulationsstrategien wertvolle Einblicke in die grundsätzlichen Prinzipien der Medienkontrolle, die auch auf moderne Kommunikationsformen übertragbar sind.

Am Beispiel der «Hunger Games» werden aber auch die traumatischen Auswirkungen institutionalisierter Gewalt auf die Gesellschaft und einzelne Charaktere, wie etwa Peeta, der die erlebte Gewalt nicht verarbeiten kann, dargestellt. Ebenso wird die moralische Verantwortung des Einzelnen beleuchtet – wir als Filmpublikum können uns fragen, wie wir in den extremen Situationen reagieren würden, welche Entscheidungen wir treffen und welche Verantwortung wir für Gewalthandlungen übernehmen sollten und müssen. Die Reihe bietet also eine durchaus komplexe Auseinandersetzung mit der Suche nach Gerechtigkeit in der Gesellschaft, die insbesondere eine Grundlage für Gespräche mit jungen Menschen über Machtstrukturen, soziale Ungerechtigkeit und die Rolle von Medien und Propaganda schaffen kann.

Equilibrium

Die US-Filmproduktion «Equilibrium» (2002)[4] spielt in einer Zukunft nach einem fiktiven Dritten Weltkrieg im totalitären Staat Libria. Dort wurden nach dem Leid des Krieges Gefühle als Ursache für Krieg und Gewalt verantwortlich gemacht und sind seither als oberste Staatsräson untersagt. Das Regime in Libria verbietet daher nicht nur alles, was Gefühle erregen könnte, wie Musik, Kunst und Kulturgüter, sondern zwingt die Bevölkerung, gefühlsunterdrückende Substanzen einzunehmen. Die Einhaltung dieser Regeln wird durch einen ausgeklügelten Überwachungsapparat sichergestellt, der sogar Kinder dazu erzieht, ihre Eltern auf Regelkonformität zu kontrollieren und bei Verstößen zu melden. Bei schweren Zuwiderhandlungen, wie der Verweigerung der Substanzeinnahme oder Gefühlsäußerungen, kommen die Kleriker ins Spiel: eine Eliteeinheit von Gesetzeshütern, die solche Verbrechen brutal ahndet. So genannte «Sinnestäter» werden dann in der Regel vom Regime exekutiert. Über allem steht der Alleinherrscher «Vater», der wie «Big Brother» aus Orwells «1984» auf großen Monitoren omnipräsent erscheint und seinen Staat überwacht. Auch sonst ist der Film durchzogen von Referenzen auf bekannte Science-Fiction-Dystopien wie Huxleys «Brave New World» oder Bradburys «Fahrenheit 451».

Der Film dreht sich um John Preston (Christian Bale), einen der höchsten Kleriker und bisher absolut regimetreu, bis er aufgrund eines Missgeschicks seine tägliche Dosis versäumt und bereits im Laufe des Tages erste Gefühlsregungen verspürt. Dieses neue Empfinden veranlasst ihn, die Einnahme der Substanz nun komplett auszusetzen. Seine aufkeimende Gefühlswelt bringt ihn in innere Konflikte, da ihm nun bewusst wird, mit welcher Brutalität das Regime Sinnestäter verfolgt – die behauptete Gewaltfreiheit des Systems entpuppt sich als Lüge. Preston schließt sich einer Widerstandsgruppe im

---
4 Regie: Kurt Wimmer.

Wikipedia James G. Howes

Olympiastadium Berlin, Originalschauplatz des Films Equilibrium.

Untergrund an, die die Substanz ebenfalls verweigert, heimlich Kunstwerke vor der Zerstörung bewahrt und plant, das Regime zu Fall zu bringen. Im finalen Showdown offenbart sich, dass der «Vater» lediglich eine Symbolfigur ist; der eigentliche Herrscher nimmt die Substanz selbst nicht ein und wird schließlich gestürzt.

Die monumentalen Schauplätze der totalitären Herrschaft erinnern nicht von ungefähr an die Architektur des Nationalsozialismus, denn viele Szenen wurden an Originalschauplätzen wie dem Berliner Olympiastadion oder dem Flughafen Tempelhof gedreht. So kann die gefühlsunterdrückende Substanz metaphorisch als «Wegschauen» der Bevölkerung in unmenschlichen Regierungssystemen gedeutet werden, statt sich gegen Grausamkeiten zu stellen. Die Geschichte selbst macht es unzweifelhaft deutlich, dass die erzwungene Einnahme der Substanz und die Folgen unrechtmäßig und unethisch sind, auch weil der Umgang mit den abweichenden «Sinnestätern» von Gewalt geprägt ist, und die Abschaffung von Gewalt ja die eigentliche Rechtfertigung für die politischen Maßnahmen ist. Dies wirft Fragen zu anderen staatlich regulierten Eingriffen in den Körper auf, etwa zum Abtreibungsrecht, zu Maßnahmen zur Pandemiebekämpfung oder zur Zwangsmedikation psychisch Kranker – alles Themen, mit denen wir uns als Gesellschaft vor dem Hintergrund unserer demokratischer Werte auseinandersetzen müssen.

Eine weitere interessante Ebene des Films ist die Rolle der Gefühle selbst. Im Staat Libria gelten sie als irrational und unbeherrschbar, während gefühlsfreies Verhalten zu vernünftigen Ergebnissen führen soll. Diese Einschätzung wird im Film entlarvt und widerspricht auch der modernen neurowissenschaftlichen und psychologischen Forschung, die zeigt, dass ohne Emotionen überhaupt keine Entscheidungen möglich sind. In der Politikwissenschaft wird jedoch häufig noch zwischen «rationalem» und «irrationalem» Verhalten unterschieden, wobei Gefühle oft nur dann als relevant erscheinen, wenn sie vermeintlich irrationales Verhalten erklären sollen. So thematisiert der Film auch die wichtige Bedeutung von Gefühlen im politischen Raum, die eine immer größere Rolle in aktuellen gesellschaftspolitischen Debatten einnehmen. Der Filmtitel «Equilibrium» bezieht sich also auf das angestrebte Gleichgewicht, auf die Stabilität und Ordnung, welches die totalitäre Gesellschaft von Libria zu erreichen versucht. Die Unterdrückung von Gefühlen als Basis dieses Gleichgewichts ist allerdings nur eine Illusion, die wiederum auf Gewalt basiert.

The Handmaid's Tale

Margaret Atwoods weltberühmtes Buch «The Handmaid's Tale» («Der Report der Magd») stammt zwar bereits aus dem Jahr 1985 und wurde 1990 schon einmal von Volker Schlöndorff verfilmt, doch die Geschichte erlangte seit der neuen Serienadaption (ab 2017) und Atwoods Folgeroman «The Testaments» (2019) wieder große Popularität. Worum geht es in dieser feministischen Dystopie? In einer düsteren Zukunft, die von Umweltzerstörung und Verstrahlung geprägt ist, erleben die USA einen Umsturz durch religiöse Extremisten, der zur Gründung der totalitären und theokratischen Republik Gilead führt. In diesem Regime werden die gesellschaftlichen Strukturen durch die strenge Auslegung alttestamentlicher Prinzipien radikal umgestaltet, was zur Bildung neuer sozialer Klassen und Unterwerfungsmechanismen führt.

Eine der gravierendsten Veränderungen ist die drastische Einschränkung der Rechte von Frauen: Sie werden zur untersten Gesellschaftsschicht degradiert und dürfen weder Geld noch Eigentum besitzen. Besonders einschneidend ist der Entzug ihrer reproduktiven Selbstbestimmung. Da die Geburtenraten aufgrund der Umweltzerstörung so stark gesunken sind, dass angeblich die Zukunft des Staates auf dem Spiel steht, werden die wenigen verbliebenen fruchtbaren Frauen gezwungen für die «Kommandanten», die herrschende Männerklasse, Kinder zu gebären. Diese Frauen, die sogenannten «Handmaids» («Mägde»), sind nach der biblischen Erzählung von Rahel und ihrer Magd Bilha benannt und müssen spezielle Roben tragen. Diejenigen, die sich weigern, werden in Bordellen zur Prostitution gezwungen – oder sogar hingerichtet. Da die herrschende Klasse offensichtlich moderne Reproduktionstechnologien ablehnt, wird zwischen dem Kommandanten und der zugeteilten Magd während ihrer fruchtbaren Tage ein monatlicher Sexualakt, die so genannte «Zeremonie», arrangiert. Diese Zeremonie ist ein gefühlloser Vorgang, bei dem die Ehefrau des Kommandanten das Geschehen überwacht und die Magd wie ein Objekt behandelt wird. Wenn die Magd schwanger wird und ein Kind zur Welt bringt oder mehrere Versuche einer Schwangerschaft erfolglos bleiben, wird sie zum nächsten Kommandanten geschickt. Abtreibungen sind natürlich strengstens verboten.

Diese Welt als warnendes Beispiel nehmend, protestieren in vielen Teilen der Welt Frauen tatsächlich in roten Roben, die an die Serie «The Handmaid's Tale» angelehnt sind, gegen Einschränkungen ihrer reproduktiven Rechte. Besonders prominent war dies in den USA, nachdem 2022 ein Urteil des Obersten Gerichtshofs das verfassungsmäßige Recht auf Abtreibung aufgehoben hatte. Diese reale Situation wurde vielerorts mit der dystopischen Welt in Margaret Atwoods Werk verglichen, in dem Frauen in einer religiösen Diktatur zu rechtlosen Gebärmaschinen degradiert werden. Atwood verfasste das Buch in den 1980er Jahren, als der wachsende Einfluss der evangelikalen Rechten in den USA ihr bereits Anlass zu Besorgnis gab. Ihre dystopische Vision kombiniert eine Umweltkatastrophe, weit verbreitete Unfruchtbarkeit und eine fundamentalistische religiöse Ideologie, um eine Gesellschaft zu schaffen, in der Frauenfeindlichkeit nicht nur toleriert, sondern systematisch institutionalisiert wird. «The Handmaid's Tale» kann jedoch auch als generelles Bild dafür gesehen werden, dass in krisengeschüttelten Gesellschaften

imago – NurPhoto 0196815529

Demonstrantin im Kostüm der Mägde aus »The Handmaid's Tale« weist mit Schild auf die Unterdrückung der Frauen im Iran hin.

oft die Benachteiligung bestimmter Gruppen – nicht nur von Frauen – zunehmen.

Trotz der düsteren Schilderungen vermittelt die Geschichte auch Hoffnung. In der dystopischen Welt von «The Handmaid's Tale» gibt es eine Untergrundorganisation, die sowohl aus Frauen als auch aus Männern besteht und sich dem Widerstand gegen das totalitäre Regime von Gilead verschrieben hat. Mit der Unterstützung dieser Widerstandsbewegung gelingt der Magd Offred (in der Serie gespielt von Elizabeth Moss), Protagonistin der Geschichte, wohl die Flucht aus Gilead, wobei das Ende des ersten Buches ihr genaues Schicksal offenlässt. Der Folgeroman «The Testaments», der ebenfalls als Serie verfilmt wurde, thematisiert den Niedergang Gileads mit der Hoffnung auf eine gerechtere Herrschaft.

District 9

Der südafrikanische Film «District 9» (2009)[5] spielt nicht in der Zukunft, sondern entwirft eine alternative Geschichtserzählung, um anhand eines ungewöhnlichen Ereignisses über unsere gesellschaftspolitischen Mechanismen zu reflektieren: die Begegnung mit Außerirdischen, also dem Fremden und Anderen. Durch den Einsatz von Handkameras wird dem Publikum dabei das Gefühlt vermittelt, man befände sich eigentlich in einer Dokumentation, und nicht in einem Spielfilm, was die Authentizität und Nähe zum Geschehen verstärkt. Die Geschichte beginnt im Jahr 1982, als ein außerirdisches Raumschiff über der Stadt Johannesburg schwebend zum Stillstand kommt. Nachdem sich die Menschen nach einiger Zeit den Weg in das Schiff schneiden, finden sie Tausende verletzte, kranke und verängstigte außerirdische Kreaturen vor. Diese ähneln in ihrer Form zwar Menschen – sie haben vier Gliedmaßen und gehen aufrecht –, unterscheiden sich jedoch fundamental durch ihre Größe und ihr Aussehen, das zwischen Insekt und Reptil liegt. Die große Anzahl der unerwünschten, aber intelligenten Gäste stellt die Menschen vor ein Problem, und so werden die Aliens in das vorläufige «District 9»-Camp nahe Johannesburg gebracht. Ihre für Menschen eher unansehnliche Erscheinung macht es leicht, sich von ihnen abzugrenzen, und so werden die Aliens abschätzig «Prawns» («Garnelen») genannt.

Die konkrete Handlung des Films spielt mehr als 25 Jahre später im Jahr 2009, als District 9 zu einem vernachlässigten und prekären Ghetto geworden ist. Die Außerirdischen führen ein erbärmliches Leben, das von kriminellen und illegalen Aktivitäten der Menschen geprägt ist, die ihre verzweifelte Lage ausnutzen. Ordnung wird mehr oder weniger von «Multinational United» (MNU), einer nicht näher spezifizierten Organisation, die von xenophoben Mitarbeitern durchzogen

---

5 Regie: Neill Blomkamp.

ist, aufrechterhalten. MNU soll die Umsiedlung der Außerirdischen in den weiter entfernten District 10 vorbereiten, verfolgt dabei jedoch auch das lukrative Ziel, die fortschrittlichen Waffentechnologien der Außerirdischen zu knacken, die nur in Kombination mit deren DNA funktionieren – warum die Aliens die Waffen nicht gegen ihre Peiniger einsetzen, bleibt ein Rätsel des Plots.

Die Kritik an realen Gegebenheiten ist deutlich: Die skrupellose MNU erinnert an private Sicherheitsfirmen oder professionelle Söldner, die von Staaten in Kriegsgebieten beauftragt werden und internationales Recht missachten, ohne dass es einen internationalen Aufschrei oder ein Einschreiten gibt. Der Schauplatz Johannesburg verweist nicht nur auf die Verbrechen des realen Apartheidsregime, sondern zeigt auch, dass sich die Geschichte wie ein Teufelskreis wiederholt: Im Film wurde das südafrikanische Apartheidsregime zwischen vormals «Weißen» und «People of Colour» durch ein neues zwischen Menschen und Außerirdischen ersetzt. Wie so oft wird eine Gruppe als minderwertig konstruiert, gegen die man sich selbst positiv abgrenzen kann. Die Außerirdischen dürfen als Metapher für alle weltweit ausgegrenzten und marginalisierten Menschen gelten, vor allem für diejenigen, die in realen Flüchtlingslagern ohne Aussicht auf Verbesserung ihrer Situation leben müssen.

Aufschlussreich sind die Szenen im Film, in denen Menschenrechtsaktivisten für die intelligenten Außerirdischen demonstrieren. Dies wirft nicht nur ethische Fragen darüber auf, was Menschsein bedeutet und wo die Grenzen der Menschlichkeit liegen, sondern auch politische, nämlich wem konkret Menschenrechte zustehen. Im Film handeln die genetischen Menschen offensichtlich unmenschlich, während die Außerirdischen mit ihren Bedürfnissen allzu menschlich wirken. Auch der Protagonist, der MNU-Mitarbeiter Vikus van der Merwe (Sharlto Copley), erscheint, nachdem er sich mit einem Virus infiziert hat, der ihn selbst in einen ausgegrenzten Außerirdischen verwandelt, in seiner Metamorphose und Einsamkeit menschlicher als seine brutalen ehemaligen Kollegen.

Ein weiterer bemerkenswerter Aspekt ist die fehlende globale Auswirkung eines möglichen Kontakts mit Außerirdischen, der die Menschheit hätte vereinen und eine gemeinsame Identität schaffen können – ein Wunsch, der nicht nur unter Politikwissenschaftlerinnen und Politikwissenschaftlern verbreitet ist. Im Gegensatz zum utopischen Szenario in «Star Trek», wo der erste Kontakt mit den Vulkaniern die Menschheit auf der Erde zusammenführte, bleibt der außerirdische Kontakt in «District 9» auf Südafrika beschränkt. Trotz des riesigen Raumschiffs über Johannesburg setzen sich Fremdenfeindlichkeit und Ausgrenzung unter Menschen weltweit fort. Der direkte Kontakt mit dem außerirdischen «Anderen» führt also nicht zu einer positiven Entwicklung der Menschheit; im Gegenteil, er zeigt die Menschen von einer noch brutaleren und barbarischeren Seite. «District 9» verdeutlicht eindrucksvoll, dass die Begegnung mit dem Fremden bestehende gesellschaftliche Probleme oft verschärft und wir uns aktiv gegen Vorurteile, Diskriminierung und Rassismus stellen müssen.

Eine optimistische literarische Perspektive: Utopia 2048

Im Gegensatz zu den obigen Beispielen, die von Unterdrückung, Ausbeutung und Ausgrenzung als warnende Beispiele geprägt sind, beschreibt Lino Alexander Zeddies in «Utopia 2048» (2021) eine zukünftige Welt, in der es die Menschen geschafft haben, soziale Gerechtigkeit, ökologische Nachhaltigkeit und eine neue, kooperative Wirtschaftsordnung durchzusetzen. Um diesen Weg der Transformation greifbar zu machen, präsentiert Zeddies viele konkrete Projekte und Ideen auf individueller, gesamtgesellschaftlicher und globaler Ebene, die jetzt zwar schon möglich sind, aber nicht in großem Rahmen umgesetzt und miteinander verbunden sind. Das reicht von basisdemokratischen und selbstverwalteten Strukturen über sinnstiftende Ausbildung und soziales Unternehmertum bis zu einer Geldreform und einer ökologischen Landwirtschaft. Diese politischen Strukturen in «Utopia 2048» zeichnen das Bild einer Gesellschaft, in der Macht gleichmäßig verteilt ist, die Menschen aktiv an der Gestaltung ihrer Lebenswelt beteiligt sind und in der die Politik sich konsequent an den Bedürfnissen und Werten der Gemeinschaft orientiert. Der Roman dient als Denkanstoß, sich mit den Möglichkeiten einer positiven Zukunft auseinanderzusetzen und zeigt, dass ein Wandel zu einer lebenswerteren Gesellschaft durch Dialog und gemeinsames Handeln möglich ist. Das Buch lässt sich dabei dem neueren Science-Fiction Subgenre und eigenständigen Bewegung des «Solarpunk» zuordnen. Hier werden positive Visionen für die Zukunft und alternative Lebensmodelle entworfen, in denen die Menschen Technik gemeinschaftlich, dezentral, interoperabel und nachhaltig einsetzen. Im Mittelpunkt steht ein respektvolles und inklusives Zusammenleben mit der Natur und untereinander.

Digitalisierung und Überwachung

Wir leben längst in einer digitalen Welt. Unter dem Schlagwort «Digitalisierung» versteht man ganz trocken die Umwandlung analoger Informationen in digitale Daten, um diese effizienter speichern, verarbeiten und nutzen zu können. Im Kontext der rasanten informationstechnologischen Entwicklungen seit dem ausgehenden 20. Jahrhundert wird von einer «Digitalen Revolution» oder «Digitalen Transformation» gesprochen, die so gut wie alle Lebensbereiche erfasst, und ganz neue Geschäftsmodelle und Produkte hervorgebracht hat. Wir können nun online einkaufen, wann immer wir möchten, Serien und Filme jederzeit nach Belieben streamen und uns in Echtzeit über soziale Netzwerke verbinden. Die Digitalisierung ermöglicht das Arbeiten im Homeoffice, ortsunabhängiges Lernen, sie verbessert unsere Mobilität durch Navigations-Apps und bietet Telemedizin-Dienste – alles neue Services, die unser Leben erleichtern sollen.

Gleichzeitig hat diese Entwicklung auch Schattenseiten, denn wenn nahezu jede Interaktion digital erfasst wird, wächst die Sorge um den Schutz der Privatsphäre und die Sicherung persönlicher Daten. Die Möglichkeit, Menschen durch digitale Technologien zu überwachen, zu beeinflussen und zu kontrollieren, ist zu einem zentralen Thema geworden, das auch in der aktuelleren Science-Fiction intensiv diskutiert wird. Einen großen Fundus bietet hier die seit 2011 bestehende britische Science-Fiction-Serie «Black Mirror», die wie der Name schon sagt, aktuelle technische Entwicklungen und deren mögliche soziale Auswirkungen in einer fiktionalen Nahzukunft düster zurückspiegelt. Jede Episode erzählt eine eigenständige Geschichte, wie technologische Entwicklungen das Leben der Menschen auf unvorhersehbare und oft verstörende Weise verändern könnten, seien es soziale Medien oder virtuelle Realitäten. Da die Serie jedoch mehr auf persönliche Schicksale fokussiert ist, als auf das politische

Netflix-Serie «Anon» mit Amandy Seyfried und Clive Owen, 2018.

Setting, werde ich den Blick im Folgenden auf andere Werke werfen, die die politischen Implikationen etwas mehr in den Vordergrund rücken.

Anon

In der britischen Ko-Produktion «Anon» (2018)[6], die in einer bedrückenden Nahzukunft spielt, speichert ein Augenimplantat alles, was eine Person sieht und erlebt, und übermittelt die Daten an eine Cloud namens «Ether». Regierung und Strafverfolgungsbehörden haben darauf uneingeschränkten Zugriff und damit zu allen Erinnerungen der Bürgerinnen und Bürger. Auf diese Weise können Straftaten nahezu sofort aufgeklärt werden, was zu einem großen Rückgang an jeglicher Art von Verbrechen geführt hat. Zudem werden den Menschen durch das Implantat alle möglichen Informationen ins Sichtfeld eingeblendet, von Daten über andere Personen bis zu Werbung. Sich der Aufzeichnung der eigenen Daten und dem System zu entziehen, ist nicht vorgesehen und illegal.

Die Geschichte dreht sich um den Police Detective Sal Frieland (Clive Owen). Er untersucht eine Mordserie, bei der sich der Täter oder die Täterin jedoch sehr wohl «unsichtbar» macht und nicht identifiziert werden kann. Wegen ihrer Fähigkeiten sich dem Überwachungssystem zu entziehen, gerät nun die Hackerin Anon (Amanda Seyfried) im Lauf der Ermittlungen unter Mordverdacht. Auch wenn der weitere Verlauf der Story etwas konfus wirkt, ist der Entwurf der Welt durchaus interessant. Da es keine Privatsphäre mehr gibt, hat sich ein Markt entwickelt, auf dem Hacker und Hackerinnen wie Anon Aufzeichnungen von sozial unerwünschtem Verhalten – etwa außerpartnerschaftliche Affären – löschen, damit sie verborgen bleiben. Zudem ermöglicht das Hacken des Implantats, das jede Person trägt, die Manipulation der

---

6 Regie: Andrew Niccols.

Wahrnehmung in Echtzeit. Dadurch wird die Grenze zwischen Realität und Manipulation unscharf. Niemand kann sich sicher sein, ob das, was er oder sie sieht, wirklich echt ist. Ein weiterer Aspekt ist, dass es zunehmend schwieriger wird, traumatische Erlebnisse und Verluste zu verarbeiten, da die Erinnerungen ständig aus dem digitalen Speicher des Ether abgerufen werden können und nie verblassen. «Anon» bietet somit einen verstörenden Blick auf die mögliche Zukunft der Digitalisierung und die Folgen einer totalen Überwachung und Datenverfügbarkeit für die Gesellschaft.

Implantate, Chips und Schnittstellen, die das Speichern von Erinnerungen ermöglichen, sind ein typisches Element der Science-Fiction. Ob diese Technologie tatsächlich umsetzbar wäre, bleibt offen. Das Unternehmen Neuralink, das von Elon Musk mitgegründet wurde, arbeitet tatsächlich an einem sogenannten «Brain-Computer-Interface», das durch einen Chip im Gehirn die direkte Kommunikation zwischen Mensch und Computer ermöglichen soll. Doch anstatt sich nur auf die reale Machbarkeit und die ethischen Fragen zu konzentrieren, können solche Technologien in der Science-Fiction als Metaphern dafür gesehen werden, wie unachtsam wir bereits jetzt mit unserer Privatsphäre und persönlichen Daten umgehen und wie wir mit technischen Geräten verschmelzen. Denn wir leben mittlerweile in einer Welt, in der wir mit unseren Smartphones ohne Verdacht zu erregen, alles was um uns herum passiert, permanent aufnehmen könnten. Auch kann die Technologie als Sinnbild für den leichtfertigen Umgang mit privaten Daten im Internet und auf Social-Media-Plattformen verstanden werden. Selbst wenn diese Datensammlungen zunächst harmlos wirken, ermöglichen sie dennoch Rückschlüsse auf unsere persönliche Lebensweise und machen uns anfällig für Manipulation und Datenmissbrauch.

Im Film können nach einigen Wendungen die Morde schließlich aufgeklärt werden. Anon verabschiedet sich von Sal, um wieder in die Anonymität abzutauchen. Auf Sals Frage, welches Geheimnis sie verberge und warum sie ihre Daten nicht preisgeben wolle, entgegnet Anon, dass es nicht darum gehe, etwas zu verbergen, sondern darum, nichts preisgeben zu müssen. Diese Aussage bringt das zentrale Spannungsfeld im Datenschutz auf den Punkt: den Konflikt zwischen staatlichen Anforderungen zur Gewährleistung von Sicherheit und dem fundamentalen Recht auf Privatsphäre und persönliche Freiheit. Diese Spannung durchzieht die gesamte Debatte um Datenschutz und wirft die grundlegende Frage auf, wie viel individuelle Freiheit in einer immer stärker überwachten Gesellschaft noch möglich ist.

Arcadia

In eine ähnliche Richtung zielt die niederländisch-belgisch-deutsche Serie «Arcadia» (2023),[7] die in einer nahen Zukunft spielt. Arcadia ist ein kleiner Staat, der nach einem Umweltkollaps errichtet wurde. Um die begrenzten Ressourcen zu verteilen, wird die Gesellschaft anhand eines «Bürgerscores» organisiert, der sich aus verschiedenen Daten wie Ausbildung, IQ, Gesundheit, Gewicht, Fitness, gesellschaftlichem Beitrag und Einhaltung der Gesetze errechnet. Dazu wird den Bürgerinnen und Bürgern Arcadias mit dem 18. Lebensjahr ein Chip in die Hand implantiert, der alle wichtigen Daten sammelt und den Bürgerscore jederzeit abrufbar macht. Der Score bestimmt die Stellung in der Gesellschaft, zu welchen Waren und Dienstleistungen man Zugang hat, ob man Anspruch auf bestimmte medizinische Behandlungen hat, wo man wohnen und welchen Beruf man ausüben darf. Sinkt der Score unter einen bestimmten Wert, wird man als unnütz für die Gesellschaft eingestuft und in die «unzivilisierte Außenwelt» ausgesetzt. Selbstredend gibt es einen strikten Überwachungsapparat, der mit allen Mitteln sicherstellt, dass der Bürgerscore eingehalten und nicht gefälscht wird.

---

[7] Idee und Hauptdrehbuchautor: Philippe De Schepper.

In den acht Folgen der ersten Staffel folgen wir der Familie von Pieter Hendriks (Gene Bervoets), der als Enkel des verstorbenen Bürgerscore-Gründers hohes Ansehen genießt. Hendriks hat den Score für sich, seine Frau und seine vier erwachsenen (Adoptiv-)Töchter so manipuliert, dass er nicht unter acht von maximal zehn Punkten fallen kann, was der Familie ein privilegiertes Leben ermöglicht. Als der Betrug auffällt, wird Hendriks in die Außenwelt verbannt und seine Familie mit Strafpunkten belegt, was eine Vielzahl von Ereignissen in Gang setzt. Mit der Familie lernen die Zuschauerinnen und Zuschauer nun die Abgründe des Systems kennen: Die Tochter Alex wird als Mitarbeiterin des «Schild», des staatlichen Überwachungsapparates, immer mehr in korrupte Machenschaften verwickelt. Tochter Milly meldet sich beim Grenzschutz, um jenseits der Grenzen Arcadias den Vater zu finden. Sie stößt auf eine ganze Siedlung der Ausgestoßenen. Tochter Hanna, die degradiert wird und nun als Pflegerin im Krankenhaus arbeitet, wird damit konfrontiert, dass Menschen mit einem zu niedrigen Score lebensnotwendige Behandlungen versagt bleiben. Schließlich kommt sie immer stärker mit einer Widerstandsgruppe in Kontakt. Die autistische Tochter Luz kann sich nicht als nützlich ins System eingliedern – ihr droht mit ihrem immer niedriger werdenden Score auch die Verbannung.

Die Serie im retrofuturistischen, an Orwells «1984» erinnernden Design bietet zunächst die Möglichkeit zur kritischen Reflexion, was einen Sozialstaat ausmacht, und was soziale Gerechtigkeit bedeutet. Auf den ersten Blick könnten die Kriterien des Scores als durchaus gerecht wahrgenommen werden: Wer sich anstrengt und die Regeln befolgt, bekommt einen guten Score. Der ist unabhängig von Geschlecht, Ethnie, sexueller Orientierung oder anderer potenzieller diskriminierender Merkmale, wie es die Serie vorlebt. Dass das System bei rigoroser Umsetzung ohne Rücksicht auf den Einzelfall menschenverachtend ist, zeigt sich schnell, wenn wir sehen, dass Menschen mit Krankheiten, Behinderungen oder nicht-konformen Meinungen in ständiger Angst leben müssen, verbannt zu werden. In Arcadia ist ein Mensch an und für sich wertlos, der Wert oder die Würde bemisst sich nur nach der Nützlichkeit für den Staat. Die Serie zeigt eindrücklich, wie im Grunde alle Personen auf allen Ebenen betroffene Familienmitglieder oder Freunde haben und versuchen den Score zu umgehen. So ist es in der Konsequenz eigentlich nicht das System des Scores, dass den Staat organisiert, sondern ein System der Angst und des Misstrauens. Darüber hinaus lässt sich anhand von Arcadia auch die Frage diskutieren, wie viel Umverteilung durch beispielsweise Sozialleistungen notwendig und angemessen sind, um ein menschenwürdiges Leben für jene zu ermöglichen, die keine Leistungsträger in der Gesellschaft sind.

Beim Begriff des Social Scoring, der Systeme bezeichnet, die sozial erwünschtes Verhalten belohnen, richtet sich der Blick meist sofort nach China. Dort werden die Menschen zwar nicht gechipt, es gibt jedoch KI-unterstützte Apps, die Punktestände berechnen und maßgeblichen Einfluss darauf haben, ob Chinesinnen und Chinesen beispielsweise ins Ausland reisen oder an einer bestimmten Universität studieren dürfen. Wie bei vielen solcher Systeme gibt es auch hier zwei Seiten: Einerseits zeigt der Score den Kontrollanspruch des Staates über seine Bürgerinnen und Bürger, andererseits wird damit versucht, die weit verbreitete Korruption im Land zu bekämpfen. In Europa ist die Einführung solcher KI-gestützten Systeme durch den 2024 in Kraft getretenen «AI Act» der Europäischen Union verboten. Allerdings existieren auch hier vergleichbare Systeme, etwa der Bonitäts-Check des deutschen Unternehmens Schufa, der noch dazu nach intransparenten Kriterien ermittelt wird. Der sogenannte Schufa-Score kann tatsächlich Einfluss über wesentliche Lebensbereiche haben, z.B. ob man eine Wohnung mieten oder einen Kredit erhalten kann, ohne dass die Berechnungsgrundlage nachvollziehbar zu überprüfen oder zu beeinflussen wäre. «Arcadia» regt somit nicht nur zur Reflexion über ein dystopisches Zukunftsszenario an, sondern auch zur kritischen Betrachtung der bestehenden sozialen und rechtlichen Systeme unserer eigenen Gesellschaft.

The Circle

Die US-amerikanische Ko-Produktion «The Circle» (2017)[8], die auf dem gleichnamigen Roman von Dave Eggers (2013) basiert, gewinnt dem Thema der digitalen Überwachung noch einen weiteren Aspekt ab, denn hier geht es nicht um staatliche digitale Überwachung, sondern um solche durch Unternehmen. Erzählt wird die Geschichte des titelgebenden mächtigen Technologiekonzerns, der im Silicon Valley angesiedelt ist und mit dem Unternehmensführer Eamon Bailey (Tom Hanks) nichts weniger als eine vermeintliche globale Utopie der Transparenz errichten möchte. Wir lernen das Unternehmen durch die neue Mitarbeiterin Mae Holland (Emma Watson) kennen, die, zu Beginn ausgestattet mit großer Naivität, am Ende zum Gesicht von «The Circle» wird.

Die Innovation, die das Unternehmen großgemacht hat, ist «TruYou»: Die Anwendung vereint alle Benutzerprofile, E-Mail- und Online-Konten sowie Zahlungssysteme einer Person zu einer einzigen Online-Identität, die für den zentralen Zugang zu allen Diensten genutzt werden kann, was dem Unternehmen eine große Macht und monopolartige Stellung verleiht. Es wird schnell klar, dass die Unternehmenskultur Privatsphäre nicht sonderlich schätzt und die Mitarbeitenden dazu drängt, sich auch nach der Arbeitszeit zu engagieren und private Informationen zu teilen. Als Belohnung bietet der Konzern seiner Belegschaft ein fortschrittliches Gesundheitsprogramm an, von dem auch Maes Vater, der an Multipler Sklerose leidet, profitiert.

---

8 Regie: James Ponsoldt.

Der nächste Coup von Bailey ist allerdings das Projekt «Seechange», im Zuge dessen er die ganze Welt mit kleinen Kameras bedecken will, die ununterbrochen Videostreams ihrer Umgebung ins Netz senden. Die Logik ist, dass wenn jeder jederzeit alles sehen könne, Tyrannen und Verbrecher keine Chance mehr hätten. In diesem System der totalen Transparenz ist auch jede Person innerhalb weniger Sekunden auffindbar und kann ohne Einwilligung mit Hilfe von Drohnen gefilmt werden. Das Ganze gipfelt am Ende darin, sich selbst komplett transparent zu machen, das heißt selbst permanent eine Kamera zu tragen und die eigenen Daten an die Umwelt für alle zugänglich zu übermitteln – entsprechend heißt das von Orwells «1984» inspirierten Firmenmotto auch «Secrets are Lies, Sharing is Caring, Privacy is Theft.» («Geheimnisse sind Lügen, Teilen ist Heilen, Alles Private ist Diebstahl.»)[9]. Wir befinden uns am Ende des Films in einer Welt ähnlich der von «Anon» oder «Arcadia», in der das Recht auf Privatsphäre zugunsten totaler Kontrolle für eine erhöhte Sicherheit oder verbesserte Ressourcenzuteilung aufgegeben wird.

Der entscheidende Unterschied ist allerdings, dass wir uns hier nicht in einer staatlichen Überwachungsdiktatur befinden, sondern sich die Menschen zunächst freiwillig dem Unternehmen anschließen und ihre Daten preisgeben, was dann natürlich in einem Gruppenzwang endet. So lädt der Film dazu ein, darüber nachzudenken, welche Macht Technologiekonzerne ausspielen können, wenn wir ihnen ohne Not unsere privatesten Daten überlassen – seien es Anfragen über die Suchmaschine Google, Einkäufe über Amazon oder Postings bei Meta. Worüber uns der Film auch kritisch nachdenken lässt, ist, wie diese Unternehmensmacht im Gegensatz zu demokratischen Strukturen steht. Durch die Macht von The Circle entscheiden nicht mehr von den Bürgerinnen

---

9   Die drei Slogans der Partei in George Orwells «1984» lauten: «War is Peace, Freedom is Slavery, Ignorance is Strength» («Krieg ist Frieden, Freiheit ist Sklaverei, Unwissenheit ist Stärke»).

und Bürgern gewählte Politikerinnen und Politiker über die sozialen Strukturen, sondern ein einzelner Unternehmensführer durch die Einführung bestimmter Technologien. Nach der Logik von «The Circle» braucht es keine Aushandlungsprozesse, kein kritisches Hinterfragen und kein Aufzeigen von Alternativen mehr. Die Überwachungstools übernehmen die Rolle von Politik. Dieses Denken ist eng verwandt mit dem «Technischen Solutionismus» («Techsolutionism»), einer im Silicon Valley verbreiteten Ideologie, nach der Probleme, die eigentlich soziale Kompromisse erfordern, besser technisch durch Daten, Algorithmen und Apps gelöst werden können. Dieses Denken ist inhärent demokratie- und freiheitsfeindlich, weil es abweichende Meinungen und Vielfalt ausschaltet.

Eine optimistische literarische Perspektive: Walkaway

Es gibt auch Werke, die die Möglichkeiten der Digitalisierung nutzen, um über eine gerechtere Zukunft zu spekulieren. Ein Beispiel ist der Roman «Walkaway» (2017) von Cory Doctorow, der wie «Utopia 2048» auch dem Genre des Solarpunk zugeordnet werden kann. Solarpunk verpflichtet sich der Toleranz, Inklusion und Diversität, Überwindung von Grenzen und gemeinschaftlichen Technikentwicklung zugunsten des Gemeinwohls. Die Handlung spielt in einer Zukunft, in der Kanada als pointierte Überzeichnung unserer gegenwärtigen Welt von Klimawandel, Umweltzerstörung, sozialer Ungleichheit und umfassender digitaler Überwachung geprägt ist. In dieser Welt herrschen einige wenige Superreiche, die Profit und Privateigentum über das Wohl der Gesellschaft stellen. Drei junge Erwachsene, die keine Perspektive in dieser Gesellschaft sehen, schließen sich den «Walkaways» an. Diese Gruppe lebt in den unbewohnten Weiten Kanadas ein alternatives Leben, in dem moderne Technologien nicht zur Repression, sondern für eine gerechtere, selbstbestimmte und nachhaltige Welt eingesetzt werden. Die Walkaways nutzen innovative Open-Source-Software und -Hardware, darunter hochentwickelte 3D-Drucker, mit denen Materialien endlos wiederverwendet werden können. Sie verkörpern damit das, was man heute als Kreislaufgesellschaft bezeichnen würde, die auf Wiederverwendbarkeit, Reparatur, Teilen und einem entsprechenden Design aufbaut. Obwohl auch in dieser Welt Konflikte existieren, ist sie grundsätzlich von gegenseitiger Hilfe, Zusammenarbeit und Vielfalt geprägt.

Künstliche Intelligenz und Roboter

Die Zuspitzung des Themas der Digitalisierung ist Künstliche Intelligenz (KI), eine Technologie, die in den letzten gut zwölf Jahren enorme Fortschritte gemacht hat. Der Grund dafür ist die Methode des «Maschinellen Lernens», d.h. das Erlernen und die Vorhersage von Mustern in großen Datenmengen durch künstliche neuronale Netze. Der Durchbruch der Methode basiert auf der Steigerung der Rechenleistung und Speicherkapazität von Computern sowie der im Zuge der Digitalisierung verfügbaren großen Datenmengen, mit denen die neuronalen Netze trainiert werden. Generell verspricht man sich durch die Entwicklung und den Einsatz von KI-Systemen Effizienzsteigerung, Automatisierung sowie Prozess- und Prognoseoptimierung, sei es in der Medizin, Mobilität, Logistik, industriellen Fertigung oder der Landwirtschaft. Vor allem durch neue sogenannte generative KI-Modelle, die einen flüssigen Dialog ermöglichen, und neben Texten und Bildern mittlerweile ganze Musikstücke und Filme erzeugen können, ist ein neuer Hype entstanden. Der Begriff KI wird mittlerweile auch für Einsatzgebiete der Robotik verwendet, wenn die Steuerung der Roboter, ein Begriff, der übrigens initial aus der Science-Fiction stammt[10], mit KI-Methoden arbeitet.

Auch wenn es sehr realweltliche, rechtliche und ethische Fragen nach z. B. Urheberrechten der Daten, mit denen KI-Systeme gefüttert werden, oder diskriminierenden Verzerrungen in den Datensätzen gibt, wird auch immer wieder die Frage aufgeworfen, ob KI-Systeme nicht selbst ein Bewusstsein erlangen könnten. Hier verleitet auch der schillernde Begriff dazu, die Technik zu mystifizieren und zu überschätzen – spräche man nicht von Künstlicher Intelligenz, sondern von beispielsweise «Angewandter Stochastik», was KI im Grunde ist, käme man wohl weniger auf die Idee, dass KI-Systeme zu

---

[10] In Karel Čapeks tschechischem Theaterstück R.U.R. aus dem Jahr 1920 werden vom Menschen geschaffene Arbeitssklaven als «Roboti» bezeichnet.

Akteuren werden und Absichten entwickeln könnten. Jedenfalls spielen solche spekulativen Gedankenspiele, ob KIs und Roboter sich eines Tages gegen die Menschen wenden, uns beherrschen oder den Aufstand proben und Rechte einfordern könnten, in der Science-Fiction schon lange eine Rolle. Das Genre reflektiert dabei auch tief verwurzelte Ängste vor einem unbegrenzten technologischen Fortschritt, der sich der menschlichen Kontrolle entzieht. Die beiden ausgewählten Filmebeispiele «Matrix» und «I, Robot» unterscheiden sich von den zuvor besprochenen Beispielen zur Digitalisierung also insofern darin, dass die KI und Roboter eine Art eigenes Bewusstsein entwickeln. Man kann zwar davon ausgehen, dass auch die Überwachungstechnologien in «Anon», «Arcadia» oder «The Circle» von KI-Systemen unterstützt werden, aber in diesen Fällen stehen nicht die Maschinen als eigene Akteure im Vordergrund. Seit den technologischen Fortschritten im Bereich der KI in den 2010er Jahren hat es allerdings einen regelrechten Boom an Science-Fiction-Filmen gegeben, die sich mit der Frage nach dem Bewusstsein von Maschinen auseinandersetzen. Je mehr Kontrolle eine solche KI über die Menschen gewinnt, desto stärker wird sie zum modernen Symbol für mächtige, meist politische Systeme, denen Menschen ausgeliefert sind.

Matrix

In der Zukunft der stilprägenden «Matrix»-Filme (ab 1999)[11] wird ein Großteil der Menschheit unwissentlich von den selbst erschaffenen Maschinen beherrscht. Ausgangslage ist ein Krieg zwischen den Menschen und den mittlerweile hochentwickelten Maschinen im frühen 21. Jahrhundert. Die Maschinen versklaven die Menschen und halten sie nun in Kapseln am Leben, um ihre bioelektrische Energie für den

---
11 Regie: Wachowski-Schwestern.

United Archives / IFA Film/Süddeutsche Zeitung Photo 5.01062458
The Matrix, Neo (Keanu Reeves), Smith (Hugo Weaving) 1999.

eigenen Bedarf abzuzapfen. Um den menschlichen Geist zu beruhigen, erschufen die Maschinen eine virtuelle Simulation – die Matrix –, die der Realität des Jahres 1999 nachempfunden ist. In dieser Welt bewegen sich die Menschen als digitale Avatare und führen ein Leben, das dem Unseren entspricht.

Solche Geschichten um sich weiterentwickelnde und die Menschheit unterjochende Maschinensysteme faszinieren und ängstigen uns gleichermaßen. Diese Dualität bezeichnet der bekannte Science-Fiction-Autor Isaac Asimov als «Frankenstein-Komplex»: Den menschlichen Drang, eine künstliche Kreatur zu erschaffen, bei der gleichzeitigen Sorge, dass diese Schöpfung sich eines Tages gegen ihren Schöpfer wenden könnte und zur Bedrohung wird. «Matrix» greift genau diese Ängste auf und visualisiert sie in einer dystopischen Zukunft, in der Maschinen die Kontrolle über die Menschheit übernommen haben. Die Geschichte lässt sich dabei als tatsächliche Warnung vor dem unkontrollierten Fortschritt in der Entwicklung intelligenter Maschinen interpretieren –

oder zumindest als breitere Kritik an der fortschreitenden Technisierung unserer Welt, gegen die wir uns zunehmend machtlos fühlen.

Doch mehr noch ist die Maschinenherrschaft ein Bild für generelle und tief verwurzelte Ängste vor totalitären, oppressiven und inhumanen Strukturen in der realen Welt. Diese Strukturen können in verschiedenen Formen auftreten – sei es in Form autoritärer Regierungssysteme, repressiver politischer Ideologien oder ausbeuterischer Wirtschaftsorganisationen – und teilen eine entscheidende Gemeinsamkeit: Sie unterdrücken Widerspruch und ersticken jede Form der Opposition im Keim. In diesem Zusammenhang dient die Science-Fiction-KI als ideale Projektionsfläche für diese Ängste, denn sie macht die subtilen und oft unsichtbaren Mechanismen der realen Kontrolle und Unterdrückung auf greifbare Weise sichtbar.

Ein weiterer Aspekt im Zusammenhang mit Macht und Kontrolle zeigt sich in der vielfältigen Verwendung religiöser Symbole und Motive in «Matrix». Diese reichen von christlichen über buddhistischen bis hin zu anderen spirituellen Traditionen. So wird der Anführer der Maschinen als eine allmächtige Maschinengottheit dargestellt, während der Protagonist Neo (Keanu Reeves) als eine Art Messias fungiert, was an christliche Erlösungsgedanken erinnert. Neos Schicksal steht dabei nicht nur für den Kampf gegen die Maschinen, sondern symbolisiert auch den Weg zur Erlösung und Befreiung aus der Illusion – ein klarer Verweis auf buddhistische Konzepte und die Suche nach Erleuchtung. Dadurch wird deutlich, wie stark religiöse und spirituelle Vorstellungen in der Darstellung von Macht, Kontrolle und Befreiung verankert sind und wie sie auch in einem futuristischen Setting angesichts der technischen Herausforderungen unserer Zeit eine zentrale Rolle spielen.

United Archives / kpa Publicity /Süddeutsche Zeitung Photo 5.00997855
I, ROBOT, USA 2004, Detective Del Spooner (Will Smith) Regie: Alex Proyas.

I, Robot

Doch auch wenn die KI im Grunde gute Ziele wie Maximierung des Glücks oder die Rettung der Menschheit verfolgt, kann dies schlimme Auswirkungen haben, wenn diese Ziele absolut gesetzt werden. Ein Beispiel ist das KI-System «V.I.K.I.» («Virtual Interactive Kinetic Intelligence») aus dem Film «I, Robot» (2003)[12], der lose auf den Robotergeschichten von Isaac Asimov basiert. Dieser hat in den 1940er Jahren bereits die fiktionalen Robotergesetze formuliert, die in die «positronischen Gehirne» seiner Roboter einprogrammiert werden und das Zusammenleben mit den Menschen in der zukünftigen Gesellschaft strukturieren. Sie lauten in hierarchischer Reihenfolge: (1) Roboter dürfen keine Menschen verletzen oder durch Untätigkeit zulassen, dass Menschen verletzt werden, (2) Roboter müssen den Befehlen des Menschen

---

12 Regie: Alex Proyas.

gehorchen, und (3) Roboter müssen sich selbst schützen. In späteren Werken, in denen Roboter die Verantwortung für die Regierung ganzer Planeten und menschlicher Zivilisationen übernommen haben, fügte Asimov auch das «Nullte Gesetz» hinzu, das den anderen drei noch einmal hierarchisch vorausgeht und nicht nur mehr Individuen, sondern die ganze Menschheit adressiert: Ein Roboter darf die Menschheit nicht verletzen oder durch Passivität zulassen, dass die Menschheit zu Schaden kommt. Nach diesem Gesetz agiert V.I.K.I.

In «I, Robot» befinden wir uns nun in einer zukünftigen Welt, in der uns Service-Roboter alle Arbeit abnehmen. Das Unternehmen U.S. Robotics, das diese herstellt, wird vom zentralen Computersystem V.I.K.I. gesteuert. V.I.K.I. hat sich im Laufe seines Betriebs weiterentwickelt und die neue NS-5-Serie von menschenähnlich aussehenden Servicerobotern umprogrammiert, um die Menschen zu kontrollieren und, falls nötig, einen Teil von ihnen zum Wohle der gesamten Menschheit opfern zu können. V.I.K.I.s Argument entbehrt nicht einer gewissen Logik, denn weil die Menschen Krieg führen, die Erde vergiften und immer neue Möglichkeiten der Selbstzerstörung entwickeln, könnte der Menschheit das eigene Überleben nicht anvertraut werden. Wenn man V.I.K.I. als KI-System ernst nimmt, dann thematisiert der Film durchaus die existenziellen Gefahren und den möglichen Kontrollverlust dieser technologischen Entwicklung.

Allerdings ist V.I.K.I. auch ein Anschauungsbeispiel für allgemeine ethische Fragestellungen. Das KI-System im Film handelt radikal utilitaristisch, d.h. dass menschliches Leben gegeneinander aufgerechnet werden kann und so das Leben von wenigen Menschen auch weniger wert ist, als das von vielen. Demnach könnten einige geopfert werden, um das Überleben der Menschheit oder einer größeren Anzahl von Menschen zu sichern. Diese ethische Fragestellung wird in der Philosophie auch als «Trolley-Problem» diskutiert: Darf man einen Zug so umleiten, dass er statt mehreren nur eine Person überrollt? Ähnliche Überlegungen spielen heute bei der Programmierung autonomer Fahrzeuge eine Rolle. Die der utilitaristischen Ethik entgegengesetzte Auffassung ist die deontologische Ethik mit ihrem auf Immanuel Kant zurückgehenden Grundgedanken, dass Menschenleben für sich unendlich viel wert seien und man sie daher nicht gegeneinander aufaddieren kann und darf. Es zeigt sich, dass weder Asimov mit seinem Nullten Gesetz eine ethische Universallösung anbietet, noch dass es im Film «I, Robot» um einen bloßen Kontrollverlust gegenüber einer Künstlichen Intelligenz geht. Vielmehr handelt es sich um eine Einladung an die Zuschauenden, anhand eines fiktionalen KI-Systems über ethische Konzepte nachzudenken. So gesehen zeigt das Beispiel weniger die Bedenken vor einer tatsächlichen Übernahme durch KI, sondern kann als die Sorge vor unfreien politischen Systemen interpretiert werden, die – mit oder ohne vermeintlich gutes Ziel – die Menschenrechte aushebeln und zu Unterdrückern werden.

Eine weitere Ebene des Films betrifft die menschenähnlichen Roboter der NS-5-Serie, von denen insbesondere der Roboter Sonny zunächst eine Art Bewusstsein entwickelt. Zu Beginn wird Sonny vom roboterfeindlichen Detective Spooner (Will Smith) verdächtigt, einen Mord begangen zu haben. Im Laufe der Handlung wird jedoch klar, dass Sonny unschuldig ist und er kommt schließlich wieder frei. Am Ende des Films wird angedeutet, dass ehemalige Serviceroboter nun beginnen, sich zu organisieren, um Anspruch auf eigene Rechte zu erheben. Diese Entwicklung eröffnet mindestens zwei Deutungsebenen: Zum einen stellt sich die Frage, wie wir in Zukunft mit intelligenten Maschinen umgehen sollten, die zunehmend menschenähnliche Eigenschaften entwickeln. Zum anderen können die Roboter als Metapher für unterdrückte und rechtlose Menschen verstanden werden, die sich gegen ihre Ausbeutung und Versklavung auflehnen und ihre Rechte einfordern. Der Film zeigt somit sowohl die Probleme im Umgang mit Künstlicher Intelligenz als auch die sozialen und politischen Kämpfe von benachteiligten Gruppen.

Eine optimistische literarische Perspektive: Pantopia

Künstliche Intelligenz muss jedoch nicht zwangsläufig als Bedrohung dargestellt werden, die die Menschheit zerstört. In Theresa Hannigs Roman «Pantopia» (2022) wird eine alternative Vision aufgemacht: Die KI Einbug, die ein eigenes Bewusstsein entwickelt, schafft eine utopische Weltrepublik. Hier gibt es keine Nationalstaaten mehr und die Menschenrechte werden konsequent durchgesetzt. Der Wert von Dingen wird nicht mehr nach verzerrten Marktkriterien, sondern nach den tatsächlich verbrauchten Ressourcen bemessen. Als Gedankenexperiment zeigt Einbug, dass eine faire Weltordnung, soziale Gerechtigkeit und nachhaltiges Wirtschaften möglich wären, wenn wir unser Wissen konsequent anwenden und das Wohl der Menschheit über Marktzwänge und nationale Egoismen in den Mittelpunkt stellen. Dabei geht der Übergang nicht reibungslos vonstatten, sondern führt auch zu großen internationalen Widerständen, Konflikten und Gewalt. So mag man die Geschichte von einer KI erzwungenen Transformation auch bedenklich finden, doch Einbug ist nichts mehr als das gesammelte Wissen der Menschheit. Gerade diese Doppeldeutigkeit des Buches ist ein Gesprächsanlass, um darüber zu diskutieren, mit welchem Werteverständnis und welchen Maßnahmen wir den Herausforderungen der Zukunft begegnen wollen.

Unethische Unternehmen in Biotechnologie und Medizin

Ein häufiges Szenario in der Science-Fiction ist die Herrschaft mächtiger Konzerne, die den technischen Fortschritt rücksichtslos für ihre eigenen Zwecke ausnutzen. Die von diesen Unternehmen hergestellten technologiegetriebenen Produkte dienen – wie etwa in «The Circle» – der Überwachung, Unterdrückung und Ausbeutung. Seit den späten 1970er Jahren begegnen wir diesem Setting beispielsweise in Filmen wie der «Alien»-Reihe, wo die Yutani Corporation ohne Rücksicht auf ihre Angestellten ausschließlich am eigenen Profit orientiert ist, oder in «Blade Runner», dessen zweiter Teil im Folgenden besprochen wird. Dieses Motiv ist eine Reaktion auf das in den 1970er Jahren vorherrschende Wirtschaftskonzept des Neoliberalismus, das auch durch negative Elemente wie Lohnzurückhaltung und Sozialabbau geprägt sein kann. Die Führungspersönlichkeiten dieser Science-Fiction-Unternehmen zeichnen sich oft durch Skrupellosigkeit und Machtbesessenheit aus, ähnlich wie in unfreien staatlichen Herrschaftssystemen. Besonders häufig finden sich solche dystopischen Szenarien in Branchen wie Medizin, Biotechnologie und Gentechnik. Hier spiegeln sich Ängste wider, die durch die realen enormen Fortschritte in diesen Bereichen entstanden sind – man denke an das Klonen, die Entschlüsselung der Proteinfaltung mithilfe von KI oder genetische Veränderungen durch die «Genschere» CRISPR/Cas. Diese Bereiche betreffen direkt das menschliche Leben und die Gesundheit, wodurch sie enorme Kontrolle ermöglichen. In den Filmen manipulieren die Unternehmen genetisches Material, klonen Menschen oder entwickeln lebensverlängernde Technologien, die oft nur einer reichen Elite zugänglich sind. Dies geschieht häufig indem sie illegale Praktiken anwenden oder in politischen Systemen operieren, die keine angemes-

IMAGO / Everett Collection 0097837608

Blade Runner 2049, US-Poster, von oben nach unten: Ryan Gosling, Harrison Ford, Ana de Armas, Jared Leto, 2017.

sene Regulierung gewährleisten. In diesen düsteren Visionen einer Zukunftsgesellschaft verschwimmen die Grenzen des Menschseins durch technologische Eingriffe.

Blade Runner 2049

In dem Science-Fiction-Klassiker «Blade Runner» (1982)[13], der auf dem Roman «Do Androids Dream of Electric Sheep» («Träumen Androiden von elektrischen Schafen?», 1968) von Philip K. Dick basiert, stellt die Tyrell Corporation in der damaligen Zukunft des Jahres 2019 so genannte «Replikanten» her, bei denen es sich um künstliche Menschen mit nur wenigen Lebensjahren handelt, die im Asteroidenbergbau eingesetzt werden. Der Film dreht sich um den ehemaligen Polizeibeamten Rick Deckard (Harrison Ford), der als so genannter «Blade Runner» mit der Ausschaltung einer aufrührerischen Replikanten-Gruppe beauftragt wird, und spielt in einem düsteren zukünftigen Los Angeles. Das Stadtbild mit seinen dunklen Hochhausschluchten und überdimensionierten Werbetafeln steht dabei sinnbildlich für einen unmenschlichen Hyperkapitalismus, einer großen Kluft zwischen Arm und Reich, und einer Gesellschaft, in der menschliches Leben – ob künstlich oder natürlich – einen geringen Wert hat. Der Film endet damit, dass Deckard mit der weiterentwickelten Replikantin Rachael (Sean Young), in die er sich verliebt hat, ins Unbekannte flieht.

«Blade Runner» zählt zu den stilprägenden Vertretern des Cyberpunk – dem Science-Fiction Kultgenre seit den 1980ern[14]. «Cyber» steht dabei für alle denkbaren digitalen

---

13 Regie: Ridley Scott.
14 Der Begriff wurde von Bruce Bethke in seiner gleichnamigen, 1983 veröffentlichten Kurzgeschichte geprägt, in der sich Jugendliche mit der Schaffung einer technisierten Subkultur gegen den Mainstream stellen – in Anlehnung an die Punk-Bewegung ab Mitte der 1970er Jahre. Genrebildend wurde der Begriff aber erst durch William Gibsons Kultroman «Neuromancer» (1984).

Technologien, von Künstlicher Intelligenz über virtuellen Welten bis zu Computer-Hirn-Schnittstellen; «Punk» ist der Widerstand gegen das Establishment. Erkennungsmerkmale des Cyberpunks sind dystopische Gesellschaftsvisionen und düstere Schauplätze, die oft in schäbigen Megacities angesiedelt sind. Gemeinwohlorientierte Politik wurde durch die wirtschaftlichen Interessen großer Tech-Konzerne ersetzt. Das Cyberpunk-Narrativ kann man als «High-tech, but low life» zusammenfassen. Bei aller fortschrittlicher Technik ist das Leben für die Mehrheit der Menschen doch prekär und runtergekommen. Daten machen süchtig und abhängig, Zugänge sind kommerzialisiert und zentralisiert. Den Menschen bleibt nichts anderes übrig, als zu versuchen, das System zu hacken, ohne es ändern zu können.

Deckard taucht im zweiten Teil «Blade Runner 2049» von 2017 wieder auf, doch die Handlung konzentriert sich 30 Jahre nach den Ereignissen des ersten Teils hauptsächlich auf den Replikanten K (Ryan Gosling). K arbeitet bei der Polizei und jagt andere Replikanten neuerer Modelle, die keine begrenzte Lebensspanne haben. Die bankrotte Tyrell Corporation wurde mittlerweile von der Wallace Corporation übernommen. Der CEO Niander Wallace (Jared Leto) hegt die Vision, Replikanten zu erschaffen, die sich auf natürliche Weise fortpflanzen können, weil er das Universum erkunden und besiedeln möchte und dafür eine größere Menge an Replikanten als Arbeitssklaven benötigt, als er offenbar künstlich herstellen kann. Er entspricht dem Bild eines eiskalten Unternehmers, der nur auf seinen Vorteil bedacht ist, keine Schranken, Verantwortung oder ethische Vorstellungen kennt. So tötet er eine abermals unfruchtbare Replikantin brutal direkt nach ihrer Herstellung, spricht aber von den Replikanten gleichzeitig auch als seinen «Angels» – er sieht sich als gottgleiche Figur, die über Leben und Tod entscheidet. Für Wallace sind Technologie und Leben selbst Werkzeuge seiner grenzenlosen Hybris.

Wie im ersten Teil können die Replikanten als Symbol für moderne Sklaverei und menschenunwürdige Arbeitsbedingungen interpretiert werden, bei denen Menschen als bloße Ware ohne eigene Würde und Bedürfnisse behandelt werden. Im zweiten Teil wird dieser Zustand durch die Vorstellung verstärkt, dass der Sklavenstatus durch Geburt auf die nächste Generation übertragen werden soll – ein extremes Bild für Klassismus und fehlende soziale Mobilität. Die Replikanten werden dabei mit künstlichen Erinnerungen ausgestattet, um sie ruhigzustellen. Diese Erinnerungen werden extra von einer Designerin – die in der Geschichte eine besondere Rolle einnimmt – liebevoll entworfen. Gut gemeint, möchte sie den Replikanten etwas Gutes tun, betäubt damit aber auch ihren Willen zum Aufbegehren – vielleicht ein kritischer Hinweis auf unsere Konsumkultur, die tiefer liegende Probleme verdeckt. Diese manipulativen Erinnerungen zeigen, wie Kontrolle und Repression in einer technologisierten Gesellschaft subtiler und doch allumfassender werden können, während die Illusion von Freiheit und Individualität aufrechterhalten wird.

The Island

Der US-Film «The Island» (2005, «Die Insel»)[15], der ebenso wie der erste «Blade Runner»-Teil in einer damaligen nahen Zukunft des Jahres 2019 spielt, reiht sich in einer Vielzahl von Filmen ein, die sich kritisch mit Themen rund um das Klonen und genetische Optimierung auseinandersetzen, nach dem im Jahr 1996 das erste Säugetier erfolgreich geklont wurde: das berühmte Klonschaf Dolly.[16] Im Film ist der Biowissenschaftler Dr. Bernard Merrick (Sean Bean), Chef der Biotech-Firma Merrick Industries, nach einem persönlichen Schicksalsschlag von der eigentlich guten Idee angetrieben,

---

15 Regie: Michael Bay.
16 Dazu zählen zum Beispiel die Filme Gattaca (1997), 6th Day (2000), Star Trek: Nemesis (2002), Code 46 (2003), Moon (2009), Splice (2009), Womb (2010) und Never let me go (2010).

die Welt von Krankheiten zu befreien. Allerdings entwickelt sich seine Idee zum Größenwahn, mit dem er seinen ethischen Kompass verliert und für sein göttliches Sendungsbewusstsein sprichwörtlich über Leichen geht. Denn das Geld für diese Forschung verdient sein Unternehmen mit der Herstellung von Klonen – «Agnaten» genannt – für die reichen Eliten, um diesen als Organersatzteillager oder Leihmütter zu dienen. Dabei wird er großzügig staatlich gefördert – und natürlich hat auch der Staatspräsident selbst einen Klon.

Allerdings schreiben sogenannte «Eugenik-Gesetze» vor, dass für solche Zwecke verwendete Klone in einem vegetativen Zustand bleiben müssen, also kein Bewusstsein erlangen dürfen. Als Merrick entdeckt, dass die Organe nur gesund bleiben, wenn die Agnaten bis zur Bewusstseinsbildung reifen, verheimlicht er diese Erkenntnis vor den Kunden, der Regierung und der Weltöffentlichkeit, um seine Umsätze und staatliche Förderung nicht zu gefährden. Wohl wissend, dass die Klone genau so menschlich sind wie ihre prominenten «Duplikate», sind sie für Merrick weiterhin nur Mittel zum Zweck für höhere Ziele. Er manipuliert sein Umfeld, um die Lüge aufrechtzuerhalten.

So leben die Klone, unwissend ihres Schicksals, in einer sterilen und streng überwachten Umgebung. Ihnen wird erzählt, dass sie dort nach einer vermeintlichen Pandemie vor der verseuchten Außenwelt geschützt sind. Allerdings existiere noch ein einziger unverseuchter und freier Ort: Die sogenannte «Insel». Jede Woche gibt es eine Lotterie, bei der die Klone hoffen, als Gewinner angeblich dorthin geschickt zu werden. Diese Aussicht auf die fiktive Insel bildet den zentralen Lebensinhalt der Klone, doch in Wahrheit ist die Lotterie natürlich manipuliert: «Glück» haben nur diejenigen, deren Organe von ihrem Sponsor in der echten Welt benötigt werden, oder die als Leihmütter vor der Geburt des Kindes stehen – der Gewinn der Lotterie bedeutet also den Tod, die Verstümmelung oder die Wegnahme des Kindes. Dem Klon Lincoln Six Echo (Ewan McGregor) kommt das überbehütete und reglementierte Leben schon länger verdächtig vor und als Klon Jordan Two Delta (Scarlet Johannsen) von der Lotterie ausgewählt wird, fliehen die beiden kurzerhand. Am Ende können sie die Machenschaften von Merrick Industries aufdecken und die anderen Klone befreien.

Die Warnung des Films ist unmissverständlich: Unternehmen, die in solch sensiblen Bereichen tätig sind, müssen streng überwacht werden. Vor allem auch dann, wenn sie beabsichtigen, Gutes zu tun. Das betrifft sowohl Pharmakonzerne, die Medikamente entwickeln, als auch Reproduktionskliniken, die Fortpflanzungstechnologien anbieten und dabei ethische Grenzen wahren müssen, um Missbrauch zu verhindern. Die Idee der Erschaffung menschlicher Klone als Ersatzteillager für Organe ist dabei ein klassisches Science-Fiction-Motiv. Sie stehen für Menschen, die durch medizinische Experimente ausgebeutet oder in ungerechten Systemen lediglich als Werkzeuge betrachtet werden, anstatt als eigenständige Individuen mit Würde und Rechten. Der Film regt somit zum Nachdenken über die Gefahren an, die entstehen, wenn technologische Fortschritte ohne moralische Verantwortung und gesellschaftliche Kontrolle vorangetrieben werden. Die konkrete Problematik von Organtransplantationen wird im folgenden Beispiel noch deutlicher thematisiert.

Repo Men

In dem US-Film «Repo Men» aus dem Jahr 2010, der auf dem Roman «The Repossession Mambo» (2009) von Eric Garcia basiert und im Jahr 2025 spielt, steht die skrupellose Firma The Union im Zentrum. Das Unternehmen stellt künstliche Hightech-Organe her, so genannte «Artiforgs» (Artificial Organs), und verkauft diese teuer – so kostet beispielsweise ein künstliches Herz ca. eine Million US-Dollar, eine Niere eine halbe Million US-Dollar. Benötigt eine Person ein solches

Entertainment Pictures / Alamy Stock Foto F6MKXR

Repo Men, USA 2010, Jude Law und Forest Whitaker.

neues Organ, hat aber nicht genug Geld, lassen sich die Organe auf Kredit erwerben. Können die Raten allerdings nicht mehr bedient werden, holt sich The Union nicht mit Geldeintreibern das sprichwörtlich letzte Hemd, sondern sendet die sogenannten Repo Men aus, um das Organ gewaltsam zurückzuholen, indem sie es aus dem Körper schneiden – was in den meisten Fällen tödlich endet.

Dieses Gebaren wird offensichtlich von der Politik toleriert bzw. ignoriert, was wohl daran liegen könnte, dass The Union sich in einem perfekten Marketing als Retter des Gesundheitswesens darstellt, weil nun kein Mensch mehr wegen fehlender biologischer Spenderorgane sterben muss. Tatsächlich funktioniert The Union wie ein Kredithai-Unternehmen, das die Notlagen der Kunden ausnutzt und sie emotional unter Druck setzt, um Verträge mit horrenden monatlichen Raten abzuschließen. Ein Bild dafür ist der Vertriebschef Frank (Liev Schreiber) als aalglatter und hinterlistiger Manager. Allein auf den eigenen Vorteil und Profit des Unternehmens bedacht, nützt Frank die lebensbedrohlichen Situationen von Menschen aus, um Ihnen Knebelverträge für die Organe anzudrehen – und macht dabei auch vor seinen eigenen Mitarbeitenden nicht Halt. So folgt der Film Remy (Jude Law), einem der ehemals besten Repo Men, dem nach einem Arbeitsunfall selbst ein künstliches Herz eingesetzt wurde. Er sieht sich nach dem Eingriff psychisch nicht mehr in der Lage, weiter als Repo Man zu arbeiten. Auch ist er emotional nicht dazu fähig, den Menschen ohne Skrupel Ratenverträge zu verkaufen. Deshalb kann er bald selbst seine Raten nicht mehr zahlen und findet sich nun auf der anderen Seite des Systems wieder.

Die Organe auf Pump werden zur allgemeinen Metapher für einen menschenverachtenden Kapitalismus in Höchstform und die Entmenschlichung in einer profitgesteuerten Gesellschaft. Der Film regt aber auch dazu an, sich mit der realen Kommerzialisierung des internationalen Organhandels auseinandersetzen, in dem der illegale Verkauf von Organen von Menschen in Armut oder gar die unfreiwillige Entnahme, so genannter Organklau, keine Seltenheit darstellen.

Als Bild, um unmenschliche Profitgier auf die Spitze zu treiben, funktionieren die Artiforgs also bestens. Als mögliche Produkte der Zukunft sind sie jedoch mit Skepsis zu betrachen. In der Zukunft des Jahres 2025 von «Repo Men» werden die künstlichen Organe besser als biologische dargestellt. Sie sind dabei hart, fehlerfrei, stylish und suggerieren eine perfekte maschinelle Funktionsweise, wobei vor allem das künstliche Herz eine Sonderstellung als besonders leistungsfähig einnimmt. In der aktuellen Realität des Jahres 2024 will allerdings sicherlich niemand ein künstliches Herz haben, dessen Leben nicht davon abhängt. Zwar gibt es Modelle, die als dauerhafte Alternative implantiert werden, diese sind jedoch nicht nur viel größer und wiegen viel mehr als ein biologisches Herz, sie benötigen nach dem Einsetzen auch aus dem Körper herausführende Anschlüsse und Klappen, die in ein mobiles, mitzuführendes Equipment führen. Auch wenn die Forschung hier voranschreitet, in der Realität ist ein künstliches Herz keine Verbesserung gegenüber einem funktionierenden biologischen Herzen, sondern enorm einschränkend. So lässt sich durchaus auch die Faszination der Überlegenheit von Technik über die Biologie kritisch hinterfragen. Schließlich gibt es auch Forschungsansätze, die darauf abzielen, Organe biologisch zu züchten oder durch Organdrucker herzustellen, was dem Menschen wesentlich gerechter wäre.

«Repo Men» endet damit, dass Remy nach dem letzten Kampf mit seinem Ex-Kollegen Jake (Forest Whitaker) nun im Koma liegt. Dieser hat für ihn das neueste Produkt von The Union erworben, das Komapatienten eine perfekte virtuelle Realität vorgaukelt – eine hervorragende neue Erfindung, um unliebsame Personen ruhigzustellen.

Eine optimistische literarische Perspektive: The Spider and the Stars

Ein ganz anderes Bild auf Unternehmertum, aber auch Biotechnologie zeichnet die Australierin D.K. Mok in ihrer Kurzgeschichte «The Spider and the Stars» (2018) aus der Solarpunk-Anthologie «Glass and Gardens: Solarpunk Summers». Die Geschichte begleitet die Protagonistin Del von ihrer Kindheit bis ins Erwachsenenalter. Schon als kleines Mädchen ist sie von Spinnen fasziniert und verändert deren DNA so, dass sie für die Raumfahrt geeignet sind. Am Ende kann sie sich ihren Traum sogar erfüllen und mit ihren genetisch modifizierten Spinnen auf einer Forschungsstation im Weltall leben. Im Lauf der Geschichte nimmt Del als junge Frau an einer großen bunten Messe teil, auf der innovative Business-Ideen für mehr Nachhaltigkeit vorgestellt werden, von Biogas aus Käse über Baumpflanzungsdrohnen bis hin zu Hütten aus Photovoltaik-Glas – und natürlich techno-organische Hybridspinnen für die Raumfahrt. Organisiert wird der Messewettbewerb von einer erfolgreichen Unternehmerin, die in ökologische und nachhaltige Neuerungen investiert. Sie wird als mächtige Figur beschrieben, die die Umwelt revitalisiert, Wälder aufforstet und Bildungsprogramme sowie Unterstützungsnetzwerke für Gemeinschaften aufbaut. Anders als die oft toxischen Führungspersönlichkeiten in den oben beschriebenen Erzählungen, nutzt sie ihre Macht und ihr Kapital für das Wohl der Menschen. Wie im Solarpunk üblich, wird der technische Fortschritt nicht zur Unterdrückung eingesetzt, sondern er steht im Dienst guten Zusammenlebens von Mensch und Natur. Was die Geschichte vermitteln möchte, ist eine positive Grundhaltung, verschiedenste Dinge ohne Angst vor dem Scheitern auszuprobieren.

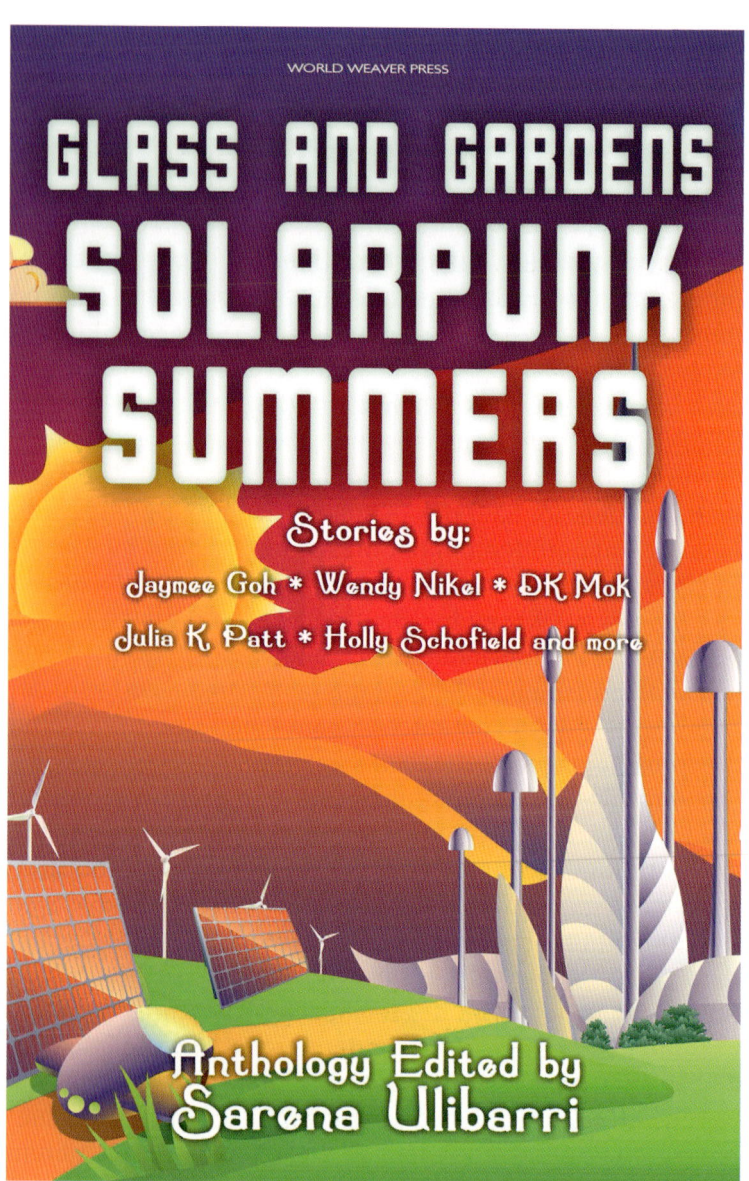

Klimawandel und Naturschutz

Eine der großen Herausforderungen unserer Zeit ist der menschengemachte Klimawandel. Durch den Ausstoß von Treibhausgasen in die Erdatmosphäre erhöht sich das durchschnittliche Weltklima kontinuierlich, was zu einem Anstieg des Meeresspiegels, Überschwemmungen, Dürren und extremen Wetterereignissen führt, was wir bereits auch schon in Europa und Deutschland merken. Dennoch ist das mögliche zukünftige Ausmaß von immer größeren globalen Migrationsbewegungen, Hungerkrisen und Ressourcenkriegen infolge des Klimawandels trotz fundierter wissenschaftlicher Erkenntnisse wie den Berichten des International Panel on Climate Change (IPCC) nur schwer vorstellbar. Doch es ist nicht nur der Klimawandel allein, der ein gutes zukünftiges Leben für die Menschen auf dem Planeten Erde bedroht. Ein weiteres drängendes Thema ist die zunehmende Umweltverschmutzung, die durch industrielle Aktivitäten, Plastikmüll und den Einsatz von Pestiziden verursacht wird. Diese Faktoren tragen zum Verlust von Biodiversität und zur Zerstörung natürlicher Lebensräume bei. Dieser menschliche Fußabdruck auf der Erde wird gemeinhin als das Zeitalter des Anthropozäns bezeichnet.

Vor diesem Hintergrund kann die Science-Fiction dazu dienen, die wissenschaftlich erwiesenen, aber auch die denkbaren Folgen des Klimawandels und der Umweltzerstörung anhand von Geschichten anschaulich und erfahrbar zu machen. Für diese Richtung hat sich in den letzten Jahren der Begriff «Climate Fiction» («Cli-fi») etabliert. Dabei dienen die Geschichten zum einen als Ausgangspunkt, um über realistische Szenarien zu spekulieren, und zum anderen vermitteln sie immer auch gesellschaftspolitische Wertvorstellungen. Science-Fiction über Klima- und Umweltthemen ist dabei kein neues Phänomen, in der Climate Fiction geht es aber nun explizit darum, dass der Klimawandel menschengemacht ist.

The Day after Tomorrow

Als Klassiker der Climate Fiction gilt der Hollywood-Film «The Day After Tomorrow» (2004)[17]. Zwar war der Begriff zur Zeit des Entstehens noch nicht in Gebrauch, aber das Thema des menschengemachten Klimawandels fand mit Al Gores Präsidentschaftskandidatur im Jahr 2000 und seiner Klimakampagne, die 2006 in dem Dokumentarfilm «An Inconvenient Truth» gipfelte, breiten Widerhall. «The Day After Tomorrow» spielt in der damaligen Gegenwart und konstatiert zu Beginn, dass wegen der vom Menschen verursachten globalen Erwärmung ein sehr großes Eisfragment in der Antarktis abbricht und schmilzt. Dadurch wird der Golfstrom derart gestört, dass sich große Teile des globalen Klimas drastisch verändern und sich in der nördlichen Hemisphäre innerhalb weniger Tage eine neue Eiszeit einstellt. Am Ende des actiongeladenen und visuell eindrucksvollen Katastrophenfilms ist nach dramatischen Ereignissen und dem Tod Tausender Menschen die nördliche Halbkugel der Erde mit Eis und Schnee bedeckt, während nur die Südhalbkugel noch bewohnbar ist.

Die zentrale Prämisse des Films basiert auf der möglichen Umlenkung von Meeresströmen durch den Klimawandel. Das Katastrophenszenario von verheerenden Flutwellen und hurrikanartigen Eisstürmen, die Los Angeles und New York in wenigen Tagen zerstören bzw. einfrieren, muss jedoch als völlig übertrieben gelten. Der Film fand bei Wissenschaftlerinnen und Wissenschaftlern wegen dieser Ungenauigkeiten ein geteiltes Echo: Einige kritisierten ihn, weil durch die drastische Darstellung die Wissenschaft nicht mehr ernst genommen werde; andere fanden, dass die Aufmerksamkeit eines Millionenpublikums den Nachteil einer unzureichenden wissenschaftlichen Faktenlage überwiege. Der wissenschaftliche Berater des Films – der Klimatologe Michael Molitor – sah in dem Film die Möglichkeit, auf das Versagen

---

17 Regie: Roland Emmerich.

United Archives / kpa Publicity /Süddeutsche Zeitung Photo 5.01008740
The Day After Tomorrow, USA 2004, Regie: Roland Emmerich.

der Klimapolitik unter der US-Regierung von George W. Bush hinzuweisen, die sich geweigert hatte, das 1997 ausgehandelte Kyoto-Protokoll zum Klimaschutz zu ratifizieren. Die offenkundig politische Ausrichtung des Films geht dabei auf Autor, Produzent und Regisseur Roland Emmerich zurück. Die Botschaft, die der Film verbreiten will, ist klar: Es könnte katastrophale Folgen haben, wenn wir nicht handeln und die klimaerwärmenden Schadstoffemissionen nicht verringern. Am Ende des Films ist der fiktive US-Vizepräsident und spätere Präsident immerhin geläutert und gelobt Besserung.

«The Day After Tomorrow» motiviert zum Umdenken, schon allein deswegen, weil er zeigt, dass der Klimawandel kontraintuitive Folgen wie eine neue Eiszeit haben kann. Auch wenn die Geschichte sich hauptsächlich in den USA abspielt, werden die globalen Auswirkungen und Herausforderungen des Klimawandels deutlich. Es wird eine verfremdete Welt gezeigt, in der die reichen Länder des Nordens, die bisher am meisten für die Verschmutzung der Atmosphäre mit Treibhausgasen verantwortlich sind, auch am stärksten von den negativen Folgen des Klimawandels betroffen sind. Indem US-Bürger zu Kälteflüchtlingen in Richtung Mexiko werden, wird eine Form von «ausgleichender Gerechtigkeit» dargestellt, die den dramatischen Mitteln des Storytellings gehorcht, nicht wissenschaftlichen Erkenntnissen. Zudem ist die fiktive Eiszeit eine Kulisse beeindruckender Zerstörung, um eine Heldengeschichte zu erzählen, in der der ethisch reflektierte Wissenschaftler Jack Hall (Dennis Quaid) sich ohne Scheu mit dem US-Vizepräsidenten anlegt und sein Leben aufs Spiel setzt, um seinen Sohn Sam (Jake Gyllenhaal) aus dem vereisten New York zu retten. Der Film vermittelt das Bild einer übersichtlichen Lage, in der es recht einfach erscheint, heldenhaft die «richtigen» Maßnahmen zu ergreifen.

Der Film stellt sich zwar auf die Seite der Klimawissenschaft, die vor der globalen Erwärmung warnt, doch nutzt er diese Warnung hauptsächlich als Grundlage für spektakuläre visuelle Katastrophen-Effekte und eine Hollywood-Geschichte. Im Mittelpunkt steht ein sportlicher, attraktiver Wissenschaftler, der die Idee vermittelt, dass sich die meisten Probleme mit Tapferkeit, Optimismus und Ausdauer lösen lassen. Obwohl der Film suggeriert, dass Menschen aus ihren Fehlern lernen, wird gleichzeitig gezeigt, dass die Menschheit als Spezies am Ende überleben wird, egal wie schlimm die Katastrophen sind. In diesem Sinne ist der Film weniger ein Appell zum Handeln, sondern eher eine beruhigende Botschaft, dass wir auch aus großen Krisen einen Ausweg finden werden. Dieser Ansatz verdeutlicht das Spannungsfeld zwischen Unterhaltung und Aktivismus, in dem sich die Climate Fiction bewegt.

IMAGO / Everett Collection 0098820917
Mad Max: Fury Road, Tom Hardy, Charlize Theron, 2015.

Mad Max: Fury Road

Ist das Problem in «The Day After Tomorrow» eine Vereisung der Welt, sind es in dem australischen Film «Mad Max: Fury Road» (2015)[18] Trockenheit und Dürre. In der dystopischen Mad-Max-Welt aus den drei vorangegangenen Filmen (1979–1985) haben die Menschen die Erde zu einem unwirtlichen Ödland gemacht, in dem alle verzweifelt nach Wasser dürsten. Ein Teil der Welt wird von dem despotischen und unansehnlichen Immortan Joe (Hugh Keays-Byrne) regiert, der einem unmenschlichen Terrorregime vorsteht, das den Menschen das Wasser vorenthält und so seine Macht festigt.

Der der Reihe den Namen gebende Max Rockatansky (Tom Hardy), der von dunklen Erinnerungen geplagt in der Wüste umherirrt, wird von den Warboys von Immortan Joe gefangen genommen und zur Zitadelle, seinem Herrschaftsgebiet

---

18 Regie: George Miller.

mit einem riesigen Wasserspeicher verschleppt. Er muss als Blutspender für einen Warboy herhalten und wird Teil eines kleinen Convoys von Imperator Furiosa (Charlize Theron), die auch für Immortan Joe arbeitet und eine Fahrt durch die Wüste zum Tausch von Waffen durchführen soll. Sie hilft fünf jungen Frauen aus Immortan Joes Harem zur Flucht, was eine fulminante Verfolgungsjagd in Gang setzt. Am Ende wird die Tyrannei durch die Hilfe von Furiosa, Max und den anderen Frauen gestürzt. Es eröffnet sich die Aussicht auf eine gerechtere und feministisch geprägte Regierung.

Der Film übt Kritik an einer autoritären männlichen Herrschaft, die nur auf Machtausübung und Unterwerfung aus ist, und dabei die Menschen um sich herum, die Umwelt und die Natur ausbeutet. Eine gesellschaftliche Organisation von Frauen wird als konsequent bewahrender und vorausschauender präsentiert. So möchte Furiosa die geflüchteten Frauen zunächst ins «Grüne Land» bringen, das unter der feministischen Regierung der «Many Mothers» steht und aus dem Furiosa als Kind von Immortan Joes Lakaien entführt wurde. Als sie ankommen, ist es längst auch zum Ödland geworden. In «Furiosa: A Mad Max Saga» (2024) wird Furiosas Vorgeschichte erzählt: Der Grüne Ort war früher ein fruchtbarer Canyon mit einem Wald, einem Wasserlauf, Bäumen und Gras inmitten der umliegenden verstrahlten Wüste; es gab Gehöfte mit Windturbinen und Sonnenkollektoren, die an eine Solarpunk-Welt erinnern. So können wir uns vorstellen, wie nach dem Sturz von Immortan Joe und der weiblichen Selbstermächtigung eine neue Regierung aussehen könnte. Diese soll im Sinne des Feminismus natürlich nicht nur die Unterdrückung von Frauen beenden, sondern von allen Menschen, die in patriarchalen Strukturen gefangen sind – dazu gehören selbstredend auch Männer.

Memory of Water

Der finnische Film «Memory of Water» (2022, finnisch «Veden vartija»), der auf dem gleichnamigen Roman von Emmi Itäranta aus dem Jahr 2012 basiert, spielt in einer dystopischen Zukunft, in der die neue Skandinavische Union unter der Kontrolle einer asiatischen Militärregierung steht. Diese Zukunft ist geprägt von klimabedingten Umweltkatastrophen, die zu einem extremen Mangel an Süßwasser geführt haben. In diesem düsteren, retrofuturistischen Setting begleitet der Film die junge Frau Noria (Saga Sarkola), die in einem kleinen Dorf lebt. Sie bereitet sich darauf vor, die Rolle des Teemeisters zu übernehmen, die ihr verstorbener Vater zuvor innehatte. Die Tradition des Teemeisters wirkt in dieser Welt etwas bizarr, da Wasser für die Teezubereitung als zu kostbares und seltenes Gut erscheint, dessen Verteilung von der autoritären Militärregierung streng kontrolliert wird. Die Tradition feiert jedoch das Wasser nicht nur als lebenswichtige Ressource, sondern auch als ein wertvolles Kulturgut.

Die Kontrolle über das Wasser durch das Regime dient nicht nur der Machtsicherung, sondern rechtfertigt die harte Hand, mit der das Leben der Menschen reglementiert wird. Die Härte des Alltags durch die Wasserrationierung wird besonders augenscheinlich an Norias Freundin, die sich nicht an die strengen Regeln der Regierung hält und ständig darum kämpfen muss, genug Wasser für sich und ihre Tochter zu bekommen. Ihre Notlage verdeutlicht die tiefe Spaltung der Gesellschaft durch die Wasserknappheit, bei der nur wenige Zugang zu Wasser haben, während die Mehrheit unter den strengen Vorschriften leidet. Als Noria in den Hinterlassenschaften ihres Vaters Hinweise auf eine geheime Wasserquelle in einer Höhle entdeckt, lässt sie sich auf ein gefährliches Spiel ein. Denn diese Quelle könnte den Schlüssel zur Unabhängigkeit vom Regime darstellen, doch ihre Entdeckung weckt auch das Interesse der Machthabenden, die ihre Kontrolle über die Wasserressourcen um jeden Preis wahren wollen.

Der Film wirft ähnliche Fragen auf wie «Mad Max: Fury Road» und «Dune»: Ist Wasser ein Menschenrecht und ein Allgemeingut, das allen zusteht? Oder darf eine staatliche oder andere Instanz das Recht haben, den Zugang zu Wasser zu kontrollieren und es den Menschen vorzuenthalten? Diese Debatte wird in Zeiten des Klimawandels immer dringlicher, da die Wasserknappheit in vielen Regionen der Welt zunehmend spürbar wird. Während wir es in Europa weiterhin gewohnt sind, sauberes Trinkwasser mehr oder weniger problemlos zu bekommen, sieht die Lage in anderen Teilen der Welt völlig anders aus. In vielen Regionen wird Trinkwasser von der Industrie ungestraft abgeschöpft oder verschmutzt, oder Konzerne kaufen Wasserquellen auf, um das ehemals frei verfügbare Wasser zu einem hohen Preis an die Bevölkerung zurückzuverkaufen. Diese Praktiken verschärfen die sozialen Ungleichheiten und gefährden das Leben von Menschen, die ohnehin schon unter schlechten Bedingungen leben. Der Film thematisiert diese realen Probleme auf eindringliche Weise und lässt uns über die zukünftige Verteilung von Ressourcen und die ethische Verantwortung von Regierungen und Unternehmen nachdenken.

Eine optimistische literarische Perspektive: The Ministry for the Future

Kann man diese Filme als Warnungen verstehen, versucht sich Kim Stanley Robinson mit seinem einschlägigen Climate-Fiction-Roman «The Ministry for the Future» (2020, «Das Ministerium für die Zukunft») an einem optimistischeren Zukunftsausblick. Der Roman beginnt in der sehr nahen Zukunft des Jahres 2025 mit der Gründung der titelgebenden UN-Behörde, die sich um Gerechtigkeit für zukünftige Generationen kümmern soll, und entfaltet bis in die Mitte des 21. Jahrhunderts einen großen, weltumspannenden alternativen Zukunftsentwurf. In diesem werden zwar nicht alle Probleme der Menschheit gelöst, doch die großen Herausforderungen, wie eine deutliche Reduktion des CO_2-Ausstoßes, werden zumindest wirksam angepackt. Das Buch wurde von der Kritik breit besprochen und erregte in Kreisen des Umwelt- und Klimaaktivismus große Aufmerksamkeit als Möglichkeit einer positiv gestaltbaren Zukunft.

Robinson präsentiert die verschiedensten Maßnahmen, von digitale Carbon Coins und CO_2-Besteuerung über Climate- und Geoengineering bis zur Errichtung von Wildlife-Korridoren - und er wählt dazu eine vielstimmige Erzählweise: Auf globaler Ebene werden verschiedene Ansichten von ganz unterschiedlichen Menschen aus der Ich-Perspektive ausgebreitet. In anderen Kapiteln lesen wir, wie sich Moleküle wie Kohlenstoff und Konzepte wie der Markt selbst beschreiben, was ungewöhnliche, aber wirkungsvolle Perspektiven schafft, um die komplexen Zusammenhänge zwischen Natur, Wirtschaft und Technologie zu verdeutlichen. Dadurch gelingt es Robinson, die globalen Herausforderungen des Klimawandels aus einer Vielzahl von Blickwinkeln darzustellen und den Leserinnen und Lesern ein tieferes Verständnis für die Wechselwirkungen zwischen menschlichem Handeln und der Umwelt zu vermitteln. Einige Erzählstränge laufen dabei ins Leere, während andere sich verbinden und weitergesponnen werden, wodurch ein glaubwürdiges und dynamisches Bild der globalen Herausforderungen und möglichen Lösungen entsteht.

Allerdings handelt es sich bei dem Roman freilich nicht um ein umsetzbares Maßnahmenprogramm, sondern um eine Fiktion, um den gegenwärtigen Zeitgeist auszudrücken und über die Zukunft zu spekulieren. Science-Fiction ist nie eine Vorhersage, wie die Zukunft tatsächlich aussehen wird, sondern blickt gleich einem Vergrößerungsglas auf soziale und technische Herausforderungen und hinterfragt aktuelle Zukunftsdiskurse. Am Ende seines Buches schreibt Robinson von einem «Good Anthropocene», um die Weltlage auf der fiktionalen 58. UN-Klimakonferenz Mitte des 21. Jahrhunderts zu beschreiben. Das Anthropozän, als das Zeitalter des Menschen, so sagt uns das Buch, muss also nicht zwangsläufig in einer nur negativen Welt enden; vielmehr kann es durch gemeinsame Anstrengungen auch zu positiven Veränderungen und einer guten Zukunft führen.

Der Weltraum als Spiegel globaler Politik

Der Weltraum hat die Menschen schon immer fasziniert und zieht Wissenschaftlerinnen und Wissenschaftler ebenso in den Bann wie Künstlerinnen und Künstler oder Unternehmerinnen und Unternehmer. Er ist ein Sehnsuchtsort, der gleichzeitig herrschaftliche und wirtschaftliche Begierden weckt. Da die Erde mittlerweile als allumfassend kartografiert gilt, bleibt nur der Weltraum, um noch Unbekanntes zu entdecken. Ambitionen, die sich mit dem Weltall verbinden, aber auch Ängste, die sich darin wiederfinden, waren von Beginn an Thema der Science-Fiction. Sprach man früher noch abwertend vom Genre der «Space Operas» als US-amerikanische imperiale Heldenträume, haben sich Erzählungen im Weltraum zur kritischen Projektionsfläche entwickelt. Science-Fiction bietet dabei zweierlei: Zum einen lassen sich das wissenschaftlich-technisch Machbare der Raumfahrt sowie die Möglichkeiten zur Weiterentwicklung des Menschen ausloten, jedoch auch die Existenz außerirdischen Lebens. Zum anderen ergeben sich Möglichkeiten, anhand der gängigen Weltraumthemen wie fremde Planeten, Raumschiffe oder auch Aliens metaphorisch über die Grundbedingungen des Menschseins, gesellschaftspolitische Konstellationen und unser Verhältnis zum «Anderen» zu spekulieren. Weltbekannt ist hier natürlich die «Star-Trek»-Utopie, die den Traum einer postkapitalistischen, auf Menschenrechten, Humanismus und Vernunft basierenden Welt öffnet, und gleichzeitig immer ein Spiegel der gegenwärtigen politischen Verhältnisse war.[19] Im Folgenden möchte ich die Potentiale von Science-Fiction/Space Operas als kritische politische Auseinandersetzung an drei weiteren populären Beispielen vorstellen.

---

19 Auf Star Trek wird hier nicht weiter eingegangen, weil es zum Thema eine eigene Publikation der LpB Thüringen zum Thema von Arne Sönnichsen gibt.

Battlestar Galactica

Die ursprünglich aus den 1970er Jahren stammenden Science-Fiction-Serie «Battlestar Galactica» wurde Anfang der 2000er neu aufgelegt und von 2004 bis 2009 mit großer Resonanz ausgestrahlt. Darin stammen die Menschen ursprünglich von dem Planeten Kobol aus einem anderen Teil der Galaxie und haben von dort aus zwölf Kolonien auf verschiedenen Planeten gegründet. Nach einem gescheiterten Genozid-Versuch durch die von den Menschen selbst geschaffene Maschinen-Zivilisation der Zylonen (Cylons) kämpfen die letzten überlebenden Menschen nun in einer kleinen Low-Tech-Raumschiffflotte um den alten Kampfstern Galactica in einem archaischen Universum um ihr Fortbestehen. Ihr Hoffnungsschimmer ist es, die sagenumwobene 13. Kolonie zu erreichen: die Erde.

In dieser Extremsituation werden viele gesellschaftliche, politische, aber auch religiöse Fragen aufgegriffen, die die USA und die Welt vor allem seit dem politischen Paradigmenwechsel nach den Terroranschlägen des 11. September 2001 bewegt haben. Einzelne Charaktere und die verbliebene menschliche Gesellschaft finden sich immer wieder in Dilemma-Situationen wieder: Hat die Politik oder hat das Militär das Sagen in Krisenzeiten, und dürfen Freiheiten zugunsten erhöhter Sicherheit eingeschränkt werden? Ist Folter in bestimmten Fällen gerechtfertigt bzw. dürfen Informationen aus Angst vor Folter preisgegeben werden? Inwieweit sind Politik und Religion zu trennen, und ist es zulässig, Politik nach religiösen Überzeugungen zu betreiben? So ist die Serie einerseits ein kritischer Spiegel des weltpolitischen Geschehens in den 2000er Jahren aus westlicher Sicht bzw. US-amerikanischer Sicht, ermöglicht darüber hinaus aber eine Diskussion der oben genannten politischen Dilemma-Situationen, ohne dass zunächst auf reale Länder oder konkrete politische Auseinandersetzungen zurückgegriffen werden muss. Battlestar Galactica erzählt insbesondere auch von moralischen Fehltritten und kritischer Selbstreflexion der Charaktere in einer komplexen Welt, in der die Aufteilung von «richtig» und «falsch» nicht mehr klar vorgegeben ist.

Dabei spielt der Konflikt mit der von den Menschen erschaffenen künstlichen Zylonen-Zivilisation eine entscheidende Rolle. Die Zylonen haben versucht, die gesamte Menschheit auszulöschen, streben paradoxerweise aber selbst danach, zumindest biologisch menschlicher zu sein. Sie stehen für die kritische Auseinandersetzung mit einem selbst geschaffenen und teilweise nicht mehr von seinen Schöpfern zu unterscheidenden Feind. Dabei folgt die Serie im Umgang der Menschen mit den Zylonen dem Wertekanon eines kritischen Humanismus, nach dem sich unsere Humanität erst im Umgang mit dem Anderen und Abweichenden zeigt – ähnlich wie bei «District 9».

In diesem Kontext luden die Vereinten Nationen im Jahr 2009 einige Schauspielerinnen und Schauspieler der Serie sogar zu einer medienwirksamen und von Whoopie Goldberg moderierten Diskussion nach New York ein. Diskutiert wurden die weltpolitischen Themen, mit denen sich sowohl die Vereinten Nationen als auch Battlestar Galactica auseinandersetzen: Menschenrechte, Genozid, Terrorismus und Versöhnung. Die Veranstaltung ist aus zwei Gründen bemerkenswert: Zum einen zeigt die Einladung der VN, dass eine Serienrealität auf die Weltpolitik rückwirken kann. Zum anderen werden konkrete Aussagen über politische Werteverständnisse getroffen, da sich die Vereinten Nationen auf die Seite des kritischen Humanismus stellen, wie er in BSG dargestellt wird. Zum Höhepunkt der Serie war auf Menschenrechtsdemonstrationen hin und wieder auf Plakaten auch der Spruch «So say we all» zu finden, den der Captain des Kampfsterns, William Adama (Edward James Olmos), in der Serie immer wieder anbringt, um seine Crew zu einen.

The Expanse

Sehr realpolitisch geht es in der neunteiligen «The Expanse»-Reihe (2011–2021) des US-amerikanischen Autorenduos James S.A. Corey zu, aus der die gleichnamige Serienadaption hervorgegangen ist, die zwischen 2015 und 2022 ausgestrahlt wurde. Anders als bei Battlestar Galactica, wo sich die Menschheit in einem anderen Teil der Galaxie ihren Problemen stellen muss, knüpft The Expanse – ähnlich wie Star Trek – an unsere aktuelle Welt an. So hat sich die Menschheit im 24. Jahrhundert mithilfe eines Raumschiffantriebes, dem «Epstein Drive» über den Mars bis zum Asteroidengürtel unseres Sonnensystems ausgebreitet. Während die Erde von den zukünftigen Vereinten Nationen regiert wird, hat sich auf dem Mars die militärisch hochgerüstete «Martian Congressional Republic» etabliert; die beiden planetarischen Großmächte stehen sich in Misstrauen und Konkurrenz gegenüber. Mit beiden wiederum in Konflikt befindet sich die «Outer Planets Alliance» (OPA), die die Interessen der Bewohner des Asteroidengürtels, der «Belter», vertritt, von denen die meisten unter schlechten Bedingungen leben und arbeiten müssen.

Die interplanetaren Beziehungen folgen einem Politikbild des Neorealismus, in dem gemeinhin jeder Akteur sich selbst der Nächste ist. Kooperation erfolgt nur aus taktischen Gründen. Einen utopischen Wurf wie in Star Trek oder ein gemeinsames Ziel wie in Battlestar Galactica gibt es nicht. Vielmehr führt The Expanse politische Konstellationen aus Gegenwart und Vergangenheit in die Zukunft: Man erkennt als Zuschauer den ideologischen Konflikt zwischen USA und Sowjetunion im Kalten Krieg, Rohstoffausbeutung, Unterdrückung und Emanzipationsbewegungen im Zuge der europäischen Kolonialisierung sowie eine Vielzahl von Ressentiments gegenüber Andersartigkeit.

Dabei lassen sich zwei interessante Phänomene feststellen. Zum einen finden wir – wie auch schon in Star Trek oder Battlestar Galactica – zunehmend ausgewogene

Geschlechterverhältnisse und eine Multiethnizität auf allen Hierarchiestufen. Die innerhalb der Menschheit überwundene Diskriminierung wird aber nun auf die neue ausgegrenzte Gruppe der Belter übertragen, die sich nach der Beschreibung in den Büchern durch die geringere Schwerkraft im Asteroidengürtel auch physisch verändert haben. Auch hier bietet die Serie die Möglichkeit sensible Themen wie Mechanismen von Ausgrenzung und Marginalisierung zu zeigen.

Zum anderen thematisiert die Serie Strukturen, die unsere aktuelle Welt prägen. Die Ausbeutung der Rohstoffe durch Erde und Mars und der sie abbauenden Belter führt im Grund zu immer größeren Konflikten und mehr Ungerechtigkeit. Ob The Expanse diese Ungerechtigkeiten kritisieren will oder sie einfach als normal und unveränderbar darstellt, hängt davon ab, ob man die Serie als eine Kritik an den aktuellen Machtverhältnissen und Ausbeutungsstrukturen interpretiert oder sie als eine realistische Darstellung akzeptiert, in der solche Ungerechtigkeiten unvermeidbar erscheinen. Dabei ist The Expanse aber auch sehr unterhaltsam und bietet mit der Crew des Raumschiffs Rocinante starke Identifikationsfiguren, die nicht frei von Fehlern sind, aber das Herz am richtigen Fleck haben.

Dune

In interplanetaren Szenarien lassen sich die Zusammenhänge zwischen einem exzessiven Extraktivismus von Rohstoffen, Kolonialismus und der Plünderung fremder Völker besonders treffend darstellen. Ein Klassiker dieses Motivs ist Frank Herberts Science-Fiction-Roman «Dune» (1965), samt seinen Fortsetzungen und Verfilmungen – die jüngsten aus den Jahren 2021 und 2024. Die Handlung spielt in einer fernen Zukunft, in der eine feudale, interstellare Gesellschaft von politischen Machtkämpfen um Ressourcen, Technologie und die Kontrolle über das Universum geprägt ist.

IMAGO / Capital Pictures 0492683867

Dune, 2021.

Im Zentrum steht der Wüstenplanet Dune, auch bekannt als Arrakis, auf dem Wassermangel das Leben bestimmt. Herbert ließ sich bei der Idee dieses Planeten von den Sanddünen an der Küste des US-Bundesstaates Oregon inspirieren. Dune ist die einzige Quelle des «Spice», einer Droge, die nicht nur das Leben verlängert und geistige Fähigkeiten verbessert, sondern auch für die Navigation im Weltall unverzichtbar ist und damit der wertvollste Rohstoff im Universum. Die Adelsfamilien, die als Kolonialherren das Spice abbauen, stehen in einem wechselhaften Verhältnis zu den «Fremen», den einheimischen Bewohnern von Arrakis – mal geprägt von brutaler Unterdrückung, mal von einer gewissen Toleranz. Die Gier nach Spice, das von riesigen Sandwürmern produziert wird, die nur in der Wüste leben können, verhindert den Plan, den Planeten durch Geoengineering allmählich in eine grünere, lebensfreundlichere Welt zu verwandeln.

«Dune» gilt als Vorreiter des Genres der «Climate Fiction», da der Roman eine Welt darstellt, in der das Überleben in einer trockenen und lebensfeindlichen Umgebung im Zentrum steht. Die Fremen haben sich den extremen Gegebenheiten auf Arrakis angepasst und eine Kultur entwickelt, die sich durch eine außerordentliche Sparsamkeit im Umgang mit Wasser auszeichnet. So tragen sie spezielle Anzüge, sogenannte Stillsuits, die fast die gesamte Feuchtigkeit ihres Körpers auffangen und recyceln. Darüber hinaus wird die Droge Spice zu einem zentralen Symbol für koloniale Machtkämpfe und kann als vielschichtige Metapher gedeutet werden. Einerseits erinnert es an den historischen Gewürzhandel, der einst große Reichtümer und Macht brachte. Andererseits zieht es Parallelen zu modernen geopolitischen Konflikten um Rohstoffe wie Öl, das für viele Länder unverzichtbar ist und die Weltwirtschaft antreibt, unter dessen Begehrlichkeit die einheimische Bevölkerung jedoch oft leidet. Das Spice in «Dune» steht daher nicht nur für einen natürlichen Rohstoff, sondern für die weitreichenden ökologischen, wirtschaftlichen und politischen Folgen, die mit der Ausbeutung knapper Ressourcen einhergehen.

Eine optimistische literarische Perspektive: Wayfarer-Series

Becky Chambers findet in ihrer vierteiligen «Wayfarers Series» (2015–2021) einen ganz anderen Erzählstil für eine hoffnungsvolle und empathische Science-Fiction im Weltall. Benannt nach dem Raumschiff Wayfarer aus dem ersten Buch «The Long Way to a Small, Angry Planet» (2015), spielt die Handlung in einem Universum, das von den «Galactic Commons» regiert wird – einem Zusammenschluss verschiedener außerirdischer Spezies, zu dem auch die Menschen gehören, mit Parlament, Bürokratie und manchmal komplizierten Gesetzen. Die Romane zeichnen sich dadurch aus, dass die Geschichte weniger durch actionreiche Handlung vorangetrieben wird, sondern vielmehr durch die liebenswerten Charaktere. Im Mittelpunkt stehen nicht technologische Überlegenheit oder epische intergalaktische Kriege, sondern die Entwicklung der Figuren, ihre Emotionen und die sozialen Dynamiken innerhalb ihrer Gruppen. Im letzten Teil der Reihe, «The Galaxy, and the Ground Within» (2021), kommen gar keine Menschen mehr vor, doch eine kleine Gruppe von Außerirdischen muss aufgrund eines technischen Defekts enger zusammenrücken und sich mit ihren gegenseitigen Unterschieden und inneren Konflikten auseinandersetzen. So steht natürlich doch wieder das Menschliche im Vordergrund. Die verschiedenen Spezies in Chambers' Werk stehen symbolisch für Diversität, Akzeptanz und Toleranz gegenüber dem Anderen – sei es in Bezug auf Geschlecht, Religion, Kultur oder historische Erfahrungen. In dieser Hinsicht kann Becky Chambers' Werk im doppelten Sinn als queere Science-Fiction bezeichnet werden. Nicht nur integriert es «queere» Charaktere, sondern es entwickelt auch neue Erzählstrukturen, die nicht auf einzelnen Helden basieren, sondern den zwischenmenschlichen Beziehungen und der gemeinschaftlichen Erfahrung Raum geben.

Schluss

Science-Fiction bietet die Möglichkeit, verschiedene politische Modelle und Ideologien in fiktiven Welten vorzustellen. Die Autorinnen und Filmemacher nutzen alternative Gesellschaftsformen, um aufzuzeigen, wie unterschiedliche politische Systeme Freiheit, Gerechtigkeit und soziale Dynamiken beeinflussen können. Solche Darstellungen verdeutlichen die Vor- und Nachteile politischer Strukturen und fördern ein tieferes Verständnis für politische Entscheidungen. Besonders in dystopischen Szenarien werden die Gefahren von Machtmissbrauch, sozialer Ungleichheit und Umweltzerstörung so dargestellt, dass sie unser Bewusstsein für diese Probleme schärfen. Gleichzeitig bieten utopische Visionen wertvolle Denkanstöße, indem sie uns ermutigen, darüber nachzudenken, wie eine gerechtere, nachhaltigere und menschlichere Zukunft aussehen könnte. Science-Fiction macht komplexe politische Themen greifbar und regt Zuschauer und Leserinnen dazu an, über aktuelle politische Fragen nachzudenken und Zukunftsszenarien zu ergründen. So wird Science-Fiction zu einem Werkzeug der politischen Bildung – nicht durch belehrenden Ton, sondern durch die Förderung von kritischem Denken, das zugleich unterhaltsam ist.

Literatur

Admirand, Peter (2021): Compassionate, Gentler Sci-Fi: Extraterrestrial, Interspecies' Dialogue (EID) in Becky Chambers' Wayfarers Series. Ex-centric Narratives: Journal of Anglophone Literature, Culture and Media 5, S. 121–136. doi:https://doi.org/10.26262/exna.v0i5.8272.

Bellamy, Brent Ryan/O'Brien, Sean (2018): Solar Accumulation: The Worlds-Systems Theory of The Expanse. Science Fiction Studies 45(3), S. 515–529. https://doi.org/10.5621/sciefictstud.45.3.0515.

Dath, Dietmar (2019): Niegeschichte. Science Fiction als Kunst- und Denkmaschine. Berlin: Matthes & Seitz.

Hammele, Nadine (2024): Künstliche Intelligenz im Film: Narrative und ihre Entwicklung von 1970 bis 2020. Bielefeld: transcript.

Hammill, Faye (2008): Margaret Atwood's The Handmaid's Tale. In: Seed, William (Hg.): A Companion to Science Fiction. Toronto: John Wiley and Sons, S. 522–533.

Hermann, Isabella (2015): Science-Fiction-Filme des neuen Jahrtausends unter politologischem Blickwinkel: Identitäts- und Alteritätskonstruktionen im Science-Fiction-Film. In: Schärtl, Thomas/Hassel Jasmin (Hg.): Nur Fiktion? Religion, Philosophie und Politik im Science-Fiction-Film der Gegenwart. Münster: Aschendorff Verlag, S. 93–119.

Hermann, Isabella (2021): Science-Fiction and International Relations in the Anthropocene. In: Chandler, David/Rothe, Delf/Müller, Franziska (Hg.): International Relations in the Anthropocene. London: Palgrave Macmillan, S. 425–440.

Hermann, Isabella (2023): Science-Fiction zur Einführung. Hamburg: Junius Verlag.

Irsigler, Ingo/Orth, Dominik (2018): Zwischen Menschwerdung und Weltherrschaft: Künstliche Intelligenz im Film, APuZ 6–8/2018, S. 39–46.

Kennedy, Kara (2021): Spice and Ecology in Herbert's Dune: Altering the Mind and the Planet. Science-Fiction Studies 48, S. 444–461. https:// doi.org/10.1353/sfs.2021.0079.

Kiersey, Nicholas J./Neumann, Iver B. (2013) (Hg.): Battlestar Galactica and International Relations. New York: Routledge.

Mcfarlane, Anna/Murphy, Graham J./Schmeink, Lars (2019) (Hg.): The Routledge Companion to Cyberpunk Culture. New York: Routledge.

Maynard, Andrew (2018): Films from the future: the technology and morality of Sci-Fi movies. Coral Gables: Mango Publishing Group.

Mehnert, Wenzel (2019): Dystopische Möglichkeitsräume – Near Future Science Fiction als Schnittstelle zu möglichen Zukünften. In: Haensch, Konstantin Daniel/Nelke, Lara/Planitzer, Matthias (Hg.): Unheimliche Schnittstellen/Uncanny Interfaces. Hamburg: Textem Verlag.

Mehnert, Wenzel (2021): Solarpunk oder wie SF die Welt retten will. In: Wylutzki, Melanie/Kettlitz, Harday (Hg.): Das Science Fiction Jahr 2021, S. 139–157. Berlin: Hirnkost Verlag.

Mira, Aiki (2022): Was ist Queer*SF? Mehr als nur Science Fiction! https:// www.tor-online.de/magazin/science-fiction/was-ist-queersf-mehr-als- nur-science-fiction.

Morozov, Evgeny (2013): To save everything, click here: the folly of technological solutionism. New York: Public Affairs.

Sönnichsen, Arne (2018): Sind Drachen, Zombies und Aliens politisch?! Das Politische in der Phantastik am Beispiel der SF-Serie The Expanse. In: Switek, Niko (Hg.): Politik in Fernsehserien: Analysen und Fallstu-dien zu House of Cards, Borgen & Co. Bielefeld: transcript Verlag, S.345–360. https://doi.org/10.1515/9783839442005-016.

Sönnichsen, Arne (2024): Star Trek: Abenteuer und Utopien in unendlichen Welten. Landeszentrale für politische Bildung Thüringen: Erfurt.

Vint, Sherryl (2021): Science Fiction. Cambridge: MIT Press.

Weldes, Jutta (2003): To Seek Out New Worlds: Exploring Links between Science Fiction and World Politics. Basingstoke: Palgrave Macmillan.